猕猴桃病虫害识别图谱
与绿色防控技术

（修订版）

主　编　李建军　刘占德

参编者　李　琪　姚春潮　刘存寿　郁俊谊

　　　　杨开宝　邓丰产　刘艳飞

U0307051

西北农林科技大学出版社

图书在版编目（CIP）数据

猕猴桃病虫害识别图谱与绿色防控技术 / 李建军,刘占德主编.
-- 杨凌 : 西北农林科技大学出版社,2017.12（2020.12重印）
ISBN 978-7-5683-0401-6

Ⅰ.①猕… Ⅱ.①李… ②刘… Ⅲ.①猕猴桃－病虫害防治
Ⅳ.①S436.634-64

中国版本图书馆CIP数据核字(2017)第325226号

猕猴桃病虫害识别图谱与绿色防控技术（修订版）

李建军　刘占德　主编

出版发行	西北农林科技大学出版社
地　　址	陕西杨凌杨武路3号　　　　　　　　　**邮　编**：712100
电　　话	总编室：029-87093195　　　　　　　发行部：029-87093302
电子邮箱	press0809@163.com
印　　刷	西安雅风印务有限公司
版　　次	2017年12月第1版
印　　次	2020年12月第1次
开　　本	787 mm×1092 mm　1/16
印　　张	16.5
字　　数	305千字

ISBN 978-7-5683-0401-6

定价：68.00元

本书如有印装质量问题，请与本社联系

前　言

　　猕猴桃富含维生素 C，有"VC 之王"之称，果肉中含有大量人体所需要的营养物质，含总糖 7.2% ～ 13.45%，有机酸 1.4% ～ 2.2%，17 种氨基酸及磷、钾、钙、镁、铁等多种矿质元素和多种维生素，是一种营养丰富、风味独特、经济价值高的水果。

　　猕猴桃起源于我国，产业化兴起于新西兰，已有 100 多年的发展历史。我国猕猴桃自 1978 年开展全国野生猕猴桃资源普查以来，截至 2018 年底，全世界猕猴桃挂果面积约 24.7 万公顷（370.7 万亩），总产 420.3 万吨；我国挂果面积 16.8 万公顷（252 万亩），占世界的 2/3 多（67.98%）；总产 203.5 万吨，占世界的近 1/2（48.42%）。我国猕猴桃挂果面积和产量均稳居世界首位。陕西猕猴桃种植面积 5.316 万公顷（79.74 万亩），其中挂果面积 3.922 万公顷（58.83 万亩），总产 94.79 万吨，挂果面积和总产分别占全世界的 15.87% 和 23.35%，全国的 22.55% 和 46.58%，是我国的猕猴桃产业化大省。陕西秦岭北麓产区是全球最大的猕猴桃的主栽区，其他省份如四川、河南、贵州、湖北、广西等地近年来猕猴桃产业也蓬勃发展。猕猴桃产业已成为果农脱贫致富，建设新农村的重要产业。

　　但是随着猕猴桃产业大面积规模化人工栽培，在猕猴桃生产中也出现了一些问题影响猕猴桃产业的发展，特别是病虫害的危害愈来愈严重。比如猕猴桃细菌性溃疡病、花腐病、根腐病、褐斑病、叶蝉、小薪甲、蟾象等病虫害给猕猴桃生产造成了严重危害，尤其是细菌性溃疡病对中华猕猴桃发展的影响更为严重。另外还有气候性灾害在各猕猴桃产区频繁发生，都对猕猴桃产业的发展造成严重威胁和损失，直接影响猕猴桃产业的发展。

为了应对猕猴桃产业发展中病虫害和灾害等的威胁，做好防控，降低经济损失，我们根据多年来的调查研究结果，参考有关文献材料编写了本书。书中详细介绍了猕猴桃生产中各种常见病虫害的危害症状、病害的病原、害虫的识别特征，以及病虫害的发生危害规律和绿色综合防控技术等。同时还列举了我们在猕猴桃生产中拍摄的大量典型的病虫害危害症状和识别特征图谱，从而使读者可以快速识别病虫害危害种类，指导果农有针对性地采取绿色防控技术进行防控，减少农药使用量，控制病虫害危害，生产出优质安全的猕猴桃果品。

本书主要由编者根据多年来的生产实践和调查研究结果编写完成。编写过程参考借鉴了前人的有关研究结果。此次修订更新了部分技术数据，删除了国家明文禁止使用的农药，同时增加了最新的《绿色食品　农药使用准则》行业标准，使该书更具时效性。由于篇幅所限，相关研究文献未能一一列举，在此，一并致以衷心感谢。编写过程中，我们力求科学严谨，但由于水平有限，加之时间仓促，书中难免存在不足之处，敬请同行专家和各位读者批评指正，以便在以后修订时加以改正。同时需要说明的是，我国猕猴桃产区分布广阔，各地气候条件等情况有所不同，有关防控技术要因地制宜、科学合理使用。

本书图文并茂，看图辨识病虫害，通俗易懂，实用性强。可作为猕猴桃生产中病虫害防治的技术参考手册，用于指导果农、技术人员等准确识别病虫害并进行有效防控，也可供广大基层农技人员和农林院校师生阅读参考。

编者

目 录 CONTENTS

第二章 猕猴桃害虫的识别与防控

第三章　自然灾害预防

插图目录

第二章　猕猴桃害虫的识别与防控

第三章　自然灾害预防

第四章　猕猴桃病虫害的绿色防控技术

第一章

猕猴桃病害的识别与防控

在猕猴桃生产中发生的病害主要有侵染性病害和非侵染性病害两大类。其中侵染性病害主要由真菌、细菌、病毒、病原线虫和寄生性植物等病原生物引起，有明显的发病中心，具有传染性。如猕猴桃细菌性溃疡病、猕猴桃褐斑病等，在病原菌、感病品种和适宜的气候三大条件满足时会发生大面积流行危害，造成严重损失。非侵染性病害则主要由非生物因子引起，如营养、水分、温度、光照等，影响植株生长而出现不同病症，但不具有传染性，又称为生理性病害。如猕猴桃缺铁性黄化病等缺素症等。对于这两类病害要正确识别，有针对性地进行科学防控。

侵染性病害

苗期病害

一、猕猴桃立枯病

猕猴桃立枯病是猕猴桃苗期常发的一种病害，在苗期的中、后期常常造成幼苗枯死，影响苗木的繁育。

（一）危害症状

猕猴桃立枯病多发生在育苗的中、后期。病菌多从近土表幼苗的茎基部侵入，形成水渍状、椭圆形或不规则的暗褐色病斑，随病害扩展，病部逐渐凹陷、溢缩，有的渐变为黑褐色，当病斑绕茎一周危害后，幼苗干枯死亡，但不倒伏。发病较轻的病株一般不会枯死，只出现褐色凹陷病斑。发病严重的病株韧皮部被破坏，根部黑褐色腐烂，根皮层易脱落，常常造成大量死苗现象。当育苗的苗床湿度大时，发病部位出现不甚明显的淡褐色蛛丝状霉。

该病也可侵染幼株近地面的潮湿叶片，引起叶枯，边缘产生不规则、水渍状、黄褐色至黑褐色大斑，很快波及全叶和叶柄，造成腐烂死亡，病部有时可见褐色菌丝体和附着的小菌核。

图 1-1 猕猴桃立枯病发病初期症状

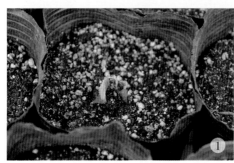 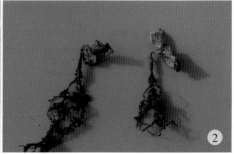

图 1-2 猕猴桃立枯病发病后期症状

（二）病原菌

猕猴桃立枯病的病原菌为半知菌亚门丝孢纲无孢目无孢科丝核菌属的立枯丝核菌（*Rhizoctonia solani* Kuhn）。该菌初生时菌丝无色，直径 4.98 ～ 8.71 μm，分枝呈直角或近直角，分枝处多缢缩，具 1 个隔膜。随菌丝生长，菌丝变为褐色，变粗短后形成菌核，菌核呈圆形或不规则形，大小 0.5 ～ 5 mm，最初颜色为白色，后变为淡褐色或深褐色。

（三）发病规律

1. 病害循环规律

猕猴桃立枯病病菌主要以菌丝体或菌核在残留的病株上或土壤中越冬，

能在土壤中存活 2 ～ 3 年，带菌土壤是主要侵染来源，病株残体、肥料等也可能带菌。主要通过农田操作、耕作及灌溉水、昆虫传播等进行再侵染。从幼苗茎基部或根部伤口侵入，也可穿透寄主表皮直接侵入。一般多在育苗中后期发生，可以在苗床循环侵染造成危害。在土温 13 ～ 26℃之间都能发病，以 20 ～ 24℃为适宜。12℃以下或 30℃以上病菌生长受到抑制。

2. 影响发病的因素

（1）苗床的温湿度。苗床温度较高，湿度大，幼苗徒长时发病重。

（2）苗床土壤 pH 值偏酸性发病较重。pH 2.6 ～ 6.9 之间都能发病。

（3）苗期管理不善发病重。苗期床温较高、阴雨多湿、土壤过黏、重茬发病重；播种过密、间苗不及时、温度过高易诱发本病；多年连作地发病常较重。

（4）气候因素。天气潮湿适于病害的大发生，反之，天气干燥病害则不发展。光照不足，光合作用差，植株抗病能力弱，也易发病。

（四）综合防控技术

1. 做好育苗准备工作

选择地势较高，排水良好的地块作为苗床。床土选用疏松肥沃无病的砂壤土，忌用重黏土。施用不带病菌的、充分腐熟的有机肥。

2. 加强苗期科学管理

严格控制苗床及扦插床的浇灌水量，注意及时排水。注意通风，晴天要遮阴，以防土温过高，灼伤苗木造成伤口感染病菌。

3. 做好苗圃清洁卫生

发现染病幼苗，及时拔除并处理病株残余，及时进行药剂消毒和防治。

4. 苗床消毒

对被污染的苗床，可用福尔马林进行土壤消毒，每平方米用福尔马林 50 mL，加水 8 ～ 12 kg 浇灌于土壤中，浇灌后隔 1 周以上方可用于播种栽苗；或用 70% 五氯硝基苯粉剂与 65% 代森锌可湿性粉剂等量混合，每平方米用混合粉剂 8 ～ 10 g，撒施土中，并与土拌和均匀。

5. 药剂防治

发病初期开始施药，可用 75% 百菌清可湿性粉剂 800 ～ 1000 倍液，或 50% 福美双可湿性粉 500 倍液，或 75% 氯硝基苯 600 倍液，或 65% 代森锌可湿性粉剂 600 倍液，或 72.2% 霜霉威盐酸盐水剂 400 倍液，或 15% 恶霉灵水剂 450 ～ 500 倍液，每平方米用药液 3 L，进行喷雾防治。间隔 7 ～ 10 d，视病情连防 2 ～ 3 次。

若猝倒病与立枯病混合发生时，可用 72.2% 霜霉威盐酸盐水剂 800 倍液加 50% 福美双可湿性粉剂 800 倍液喷淋，每平方米苗床用兑好的药液 2 ～ 3 kg。或直接喷施 15% 恶霉灵水剂 450 ～ 500 倍液。

喷药最好选择晴天进行，喷药后可撒一些草木灰，降低土壤湿度。

‖ 根部病害 ‖

二、猕猴桃疫霉根腐病

猕猴桃疫霉根腐病也叫烂根病，系真菌性病害，是猕猴桃盛果期常发的一种重要的根部病害，猕猴桃生长季节都可发生，但以 7 ～ 9 月为发病高峰期，主要危害猕猴桃根部，常常造成死树现象，生产上必须引起重视，及早发现及早进行防治。

（一）危害症状

猕猴桃疫霉根腐病主要危害猕猴桃根系，也危害根颈、主干、藤蔓。发病时一般先由根的外部发病后扩大到根尖，也可从根颈处侵入危害，蔓延到茎干、藤蔓。最初发病从小根皮层出现水渍状褐斑，病斑扩大后腐烂，向根系上部扩展，最后到达根颈。如果根颈部先发病，则主干基部和根颈部先产生圆形水渍状病斑，后扩展为暗褐色不规则形病斑，皮层坏死，内呈暗褐色腐烂。病斑多水渍状褐色腐烂，有酒糟味。严重危害时，根系全部腐烂，或者病斑环绕茎干一圈腐烂引起坏死，导致水分和养分运输受阻而使植株死亡。

图 1-3　幼苗根腐病植株死亡　　　　图 1-4　幼苗根系腐烂

地上部症状春季多表现萌芽晚，叶片变小、萎蔫，梢尖死亡，严重者芽不萌发，或萌发后不展叶，最终植株死亡。夏秋季突然出现叶片失水萎蔫，次日清晨萎蔫叶片不能恢复，随根部病害发生加重，出现叶片大量萎蔫，叶片干枯脱落，大量落叶，最后枝条干枯死亡。

图1-5 猕猴桃成龄树根腐病地上植株叶片萎蔫

图1-6 根腐病造成成龄树地上植株死亡

图1-7 刨开病树，根茎部褐色腐烂

图1-8 猕猴桃根腐病造成根系腐烂，皮层脱落

图1-9 猕猴桃根腐病造成根系全部腐烂

图1-10 根系水渍状褐色腐烂

（二）病原菌

猕猴桃疫霉根腐病的病原菌为鞭毛菌亚门霜霉目卵菌纲腐霉科疫霉属真菌恶疫霉菌 [*Phytophthora cactorum* (Leb. et Cohm) Schort.]。菌丝形态粗细较

均匀，没有菌丝膨大体。孢子囊近球形或卵形，顶生，大小（33～40）μm×（27～31）μm，有一明显乳突。孢子囊成熟脱落，具短柄。游动孢子肾形，大小（9～12）μm×（7～11）μm，鞭毛长21～35 μm。休止孢子球形，直径9～12 μm。厚垣孢子不常见。藏卵器球形，壁薄滑，无色，柄棍棒状。雄器近球形或不规则形，多侧生，偶有围生。卵孢子球形，浅黄褐色，直径26～33 μm。

（三）发病规律

1.病害循环规律

猕猴桃疫霉根腐病为土传病害，其病原菌主要以卵孢子、厚壁孢子和菌丝体随病残体在土壤中越冬。翌年春末夏初，出现降雨时，卵孢子、厚壁孢子吸水释放游动孢子，随雨水或灌溉水传播进行再侵染。夏季根部被侵染10 d左右发生大量菌丝体形，成黄褐色菌核，7～9月为严重发病高峰期，10月以后停止。

2.影响发病的因素

（1）气候因素。夏季高温、多雨时容易发病。

（2）土壤透气性差易发病。土壤黏重或土壤板结，土壤湿度大，透气不良的易发病。

（3）幼苗栽植错误，过深或过浅都易导致发病。幼苗栽植埋土过深，生长困难，会导致树势不旺易感病；栽植过浅营养不足、冬季易受冻害发病重。栽植时嫁接口埋于土下的易发病。

（4）根系受损，伤口越多发病越重。根部冻伤、虫伤及夏季施肥锄草或旋地过深造成根系机械损伤等伤口愈多，病菌容易入侵而病害愈重。

（5）果园积水或排水不畅易发病。地势低凹，排水不良的果园发病重。夏季高温季节遇干旱时大水漫灌容易造成果树的成片死亡。

（四）综合防控技术

1.科学选址建园

建园时选择排水良好的土壤，避免在低洼地建园。建园的土壤pH值必须低于8。在多雨季节或低洼处采用高垄栽培。不栽病苗，栽植深度以土壤不埋没嫁接口为宜。栽植时避免化肥与根系的接触，施用充分腐熟的有机肥，防止肥害伤根发病。

2.加强田间科学管理，提高土壤通透性

生产上要多施有机肥改良土壤团粒结构，增加土壤的通透性。猕猴桃喜湿

怕旱不耐涝，要建设好果园排灌水设施，下大雨时保持果园内排水通畅、不积水。灌水时最好采用滴灌或喷灌，切忌大水漫灌。锄草、旋地和施肥的深度不超过25 cm，注意防止树根部受伤感染病原菌。有条件的尽可能使用水肥一体化系统施肥和灌溉。栽植过深的树干要扒土晾晒嫁接口，减轻病害发生。

3. 及时发现，清除病根

在果园管理中，发现地上植株出现叶片萎蔫时，要及时检查，一旦发现病株，及早进行处理。将根颈部的土壤挖至根基部，检查根颈处，发现病斑后，沿病斑向下追寻主根、侧根和须根的发病点。仔细刮除病部及少许健康组织；对整条烂根，要从基部锯除或剪掉。去除的病根带出园外深埋或烧毁。

4. 药剂防治

猕猴桃根腐病防治的关键是发现要早，防控措施要及时。

（1）发病初期及时扒土晾晒，并选用50%代森锌可湿性粉剂200倍液浇灌根部，或用50%多菌灵可湿性粉剂500倍液，或30%恶霉灵水剂600倍，或30%甲霜恶霉灵可湿性粉剂600倍液，或用70%代森锰锌可湿性粉剂0.5 kg加水200 kg灌根，每树可灌2～3 kg药液，每隔15天灌1次，连灌2～3次。

（2）病情较重者，刨开后先刮除病斑，用80%乙膦铝WP 30～50倍液涂抹伤口消毒，或用0.1%升汞溶液消毒后涂上石硫合剂原液，2周后再更换新土填平。

（3）严重发病树，根系腐烂严重，地上部分干枯死亡的刨除病树烧毁，及时对根部土壤消毒处理后重新补栽。

三、猕猴桃白绢根腐病

猕猴桃白绢根腐病也属于根腐病的一种，在猕猴桃根腐病种类中，白绢根腐相对发病较轻。

（一）危害症状

猕猴桃白绢根腐病从苗期到成株期均可为害猕猴桃根部，主要危害根颈及下部30 cm内的主根，很少危害侧根和须根。发病初，根病部呈暗褐色腐烂，随病害的发生扩展，病根长满绢丝状白色菌丝，辐射状生长包裹住病根，四周土壤空隙中充溢白色菌丝，后期菌丝结成菌索，最后结成菌核。菌核初为白色松绒状菌丝团，后逐渐变为浅黄色、茶黄，最终形成深褐色坚硬的菌核粒。

猕猴桃植株地上部发病轻时，没有明显的症状。随着病害的侵染，出现叶片萎蔫等症状。发病严重时，叶片大量脱落，枝叶干枯，生长衰弱，2～3年内植株逐渐枯死。

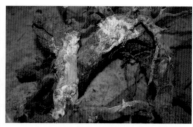

图 1-12　猕猴桃白绢根腐病根系腐烂

图 1-13　猕猴桃白绢根腐病根系皮层脱落，长满白色菌丝

图 1-11　白绢根腐病造成地上植株死亡

图 1-14　猕猴桃白绢根腐病根系长满白色菌丝

（二）病原菌

猕猴桃白绢根腐病的病原菌为半知菌类无孢菌群小菌核菌属真菌齐整小核菌（*Sclerotium rolfsii* Sacc.）。菌丝体白色透明，较纤细，老菌丝粗为 2～8 μm，分枝不成直角，具隔膜。在 PDA 培养基上菌丝体呈辐射状扩展，白色茂盛。菌核表生，圆形、扁圆至椭圆形，表面粗糙，初呈乳白色，略带黄色，后为茶褐色或棕褐色，多为单生，散生，大小为（1.5～2.9）mm×（0.5～0.6）mm。

（三）发病规律

1. 病害循环规律

猕猴桃白绢根腐病的病原菌主要以病残体在土壤中越冬，自然条件下可长期在土壤中存活，带菌土壤是猕猴桃白绢根腐病的重要侵染源。病原菌通过工具、雨、水、地下害虫和人为传播，由嫁接伤口、虫伤或机械损伤等伤口侵入猕猴桃根部，危害根的潜育期2～3个月。病菌侵入后产生大量的生长素和细胞分裂素刺激寄主细胞过度增生膨大，在植株根部和根颈部形成大小不一的瘿瘤，既消耗了根部的大量营养物质，也阻碍了根系正常的吸收和输导功能，影响了树体的生长发育。随着猕猴桃的生长季节进行危害。

2. 影响发病的因素

（1）土壤因素。在碱性和黏重的土壤及湿度高的条件下发病重，酸性和透气性好的土壤条件下发病轻。

（2）树龄。树龄愈大白绢根腐病的发生愈严重。品种间发病无明显的差异。

（3）管理水平。管理水平高的病害发生轻，管理水平低、地下害虫发生严重的园发生较重。

（四）综合防控技术

1. 严格检疫，禁止调运和栽植带病苗木

加强苗木产地检疫，禁止携带病菌苗木的调运。

2. 科学选址建园，加强管理，增强树势

避免在碱性土壤和特别黏重的土壤上建园，这类土壤建园要及时多施有机肥等改良土壤。选择无病土壤作苗圃，不在疫区育苗，不连茬育苗。栽植和挖苗木时尽量小心，避免损伤根系，栽植无病种苗。

3. 防治地下害虫，避免根系受损感染病菌

苗圃要及时防治地老虎、蝼蛄等地下害虫，减少虫伤，避免病原菌由伤口入侵感染。地下害虫防治参见后面章节内容。

4. 苗木消毒处理

苗木出圃时严格检查，发现病苗立即挖除烧毁，对可疑苗木要进行根部消毒处理，可用1%硫酸铜液浸渍10 min，或中生菌素等抗生素100～200倍液浸泡20～30 min，也可用30%石灰乳浸泡1 h后，用水冲净后定植。

5. 药剂防控

（1）刮瘤药剂灌根。结果树发病后，及时扒开根颈部土壤，切掉/刮净病瘤，然后药剂灌根处理。可以选用0.3～0.5波美度的石硫合剂，或1∶1∶100波尔多液，或中生菌素500～600倍液，或用45%代森铵乳剂1 000倍液。每7～10 d灌1次，连灌2～3次。

（2）也可用二硝基邻甲酚钠20份，木醇80份混合后除瘤。或者接种不产瘤的菌根菌，用菌与菌之间的拮抗作用，抑制该病的发生。

（3）发病严重时及早挖除，进行土壤消毒，也可局部换土。

四、猕猴桃根结线虫病

猕猴桃根结线虫病是猕猴桃生产上的一种危害严重的根部病害，多发生于苗圃的幼苗根系，危害成龄园，常常造成"小老树"现象，一般危害较重，轻者树体生长不良，长势弱而产量低，果实质量差；重者死树严重，直接影响猕猴桃的产量。

（一）危害症状

猕猴桃根结线虫病主要危害猕猴桃的主根、侧根和须根，从苗期到成株期猕猴桃根部均可受害，连续多年培育苗木的苗圃常常危害严重。猕猴桃植株根被害后肿大，产生大小不等的圆形或纺锤形根结（根瘤），即虫瘿，直径可达 1 ～ 10 cm。根瘤最初呈白色，表面光滑，最后呈褐色，数个根瘤常并成一个大的根瘤，外表粗糙。根受害后较正常根短小，分枝少，危害后期整个根瘤和病根褐色腐烂，呈烂渣状散入土中。根瘤导致根部活力变小，刺激导管组织变畸形扭曲而影响水分和营养的吸收，致使地上部表现出缺肥缺水状态，生长发育不良，叶小发黄，没有光泽，树势衰弱，枝少，结果少，果实小，果实品质差，呈现典型的"小老树"现象。严重时整株萎蔫死亡。苗木受害轻时，生长不良，表现细弱、黄化，严重时苗木枯死。

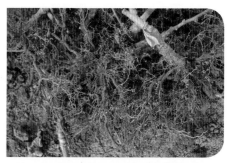

图 1-15　猕猴桃根结线虫病危害幼苗根系

图 1-16　猕猴桃根结线虫病根系危害状

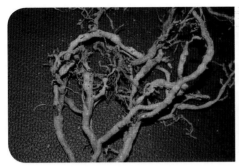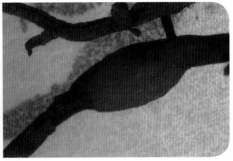

图 1-17　猕猴桃根结线虫病危害成龄树根系　　图 1-18　猕猴桃根结线虫病危害根系形成的根结

（二）病原菌

猕猴桃根结线虫病的病原线虫优势种主要是南方根结线虫（*Meloidogyne incognita* Chitwood），属于线形动物门垫刃目异皮科根结亚科根结线虫属。成虫雌雄异型，雌成虫为洋梨形，多埋藏在寄主组织内，大小为（0.44～1.59）mm×（0.26～0.81）mm。雄成虫无色透明，细线状，尾端稍圆，大小为（1.0～1.5）mm×（0.03～0.04）mm。幼虫均为细长线形。卵为乳白色，蚕茧状。

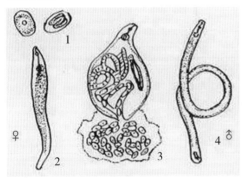

图 1-19　南方根结线虫形态图（1.卵，2.幼虫，3.雌成虫，4.雄成虫）　　图 1-20　南方根结线虫雌成虫

（三）发病规律

1. 病害循环规律

猕猴桃根结线虫主要以卵囊或 2 龄幼虫在土壤中越冬，可存活 3 年之久。遇到适宜条件，孵化出幼虫，在土粒间水中游动，2 龄幼虫为侵染虫态，侵入根部后，引起植株发病。幼虫多在土层 5～30 cm 处活动。当气温达到 10℃以上时，卵孵化 2 龄幼虫从根毛或根部皮层侵入，刺激幼根寄主细胞加速分裂形成瘤状物。经卵—幼虫—成虫三个阶段，直到落叶期根系进入休眠期后，

以卵囊或 2 龄幼虫在土壤中越冬。线虫自身传播能力有限，一年最大移动距离 1 m 左右，远距离的传播主要借助于灌水、病土、带病的种子、苗木和其他营养材料及农事操作活动等传播。

2. 影响发病的因素

（1）土壤的温湿度。土壤温度 10℃以下和 30℃以上对 2 龄幼虫的浸染和发育不利。土壤 pH 4～8、土温 20～30℃、土壤相对湿度 40%～70% 有利于线虫的繁殖和生长发育。雨季有利于孵化和侵染，但在干燥或过湿土壤中，其活动受到抑制。

（2）土质和耕作等影响发病。砂土中常较黏土发生重，连作地发病重。地势高燥、土壤质地疏松、盐分低等利于线虫病发生。

（3）根部伤口多发病重。根结线虫危害造成根系伤口有利于根腐病等侵染，加重病害发生。

（四）综合防控技术

猕猴桃根结线虫病的防控关键是培育无病苗木，严格检疫，栽植无病苗木。一旦将带线虫苗木栽植于果园，发病后防治难度较大。其综合防控技术如下：

1. 严格检疫是预防的关键

严禁疫区苗木进入未感染区。不从病区引入苗木，新猕猴桃园栽种的苗木要严格检查，仔细检查幼苗根系有无根瘤和根结，绝不栽植带线虫的苗木。

2. 病害流行果区选用抗线虫砧木，培育无病苗木

应选用抗线虫砧木，如软枣猕猴桃作砧木较抗病。培育苗木的苗圃不宜连作。

3. 加强栽培管理，提高树体抗性

增施有机肥，有机肥中的腐殖质分解过程中分泌一些物质对线虫不利，并有侵染线虫的真菌、细菌和肉食线虫。发现已定植苗木带虫时，挖去烧毁，并将带虫苗木附近的根系土壤集中深埋至地面 50 cm 以下。

4. 严禁栽植带病苗木，栽前及时处理苗木

购买苗木和栽植苗木前，仔细检查幼苗根系有无根瘤和根结，一旦发现有线虫危害的苗木应坚决销毁，严禁栽植带病苗木。对来源不明的未显示害状的苗木及时进行处理。处理方法可用 48℃温水浸根 15 min，可杀死根瘤内的线虫；或用 10% 灭线灵颗粒剂 1000 倍液浸根部 30 min，或 0.1% 的克线磷 1 000 倍液浸泡幼苗根系 1 h，可有效杀死线虫。

5. 药剂防治

果园发现根结线虫危害后，及时进行药剂防治。可用 1.8% 阿维菌素乳油 0.6 kg/ 亩，兑水 200 kg 浇施于病株根系分布区；或 10% 克线丹颗粒剂 3 ～ 5 kg/ 亩、10% 克线磷颗粒剂 3 kg/ 亩，或 10% 益舒宝颗粒剂 3 ～ 4 kg/ 亩，或 3% 米乐尔颗粒剂 4 kg/ 亩、或 10% 阿福多噻唑膦颗粒剂 1.3 ～ 2.0 kg/ 亩，与湿土混拌后在树盘下开环状沟施入或全面沟施，深度为 3 ～ 5 cm，隔 3 周左右施 1 次，连施 2 次。土壤干燥时可适量灌水。也可用生防制剂淡紫拟青霉菌粉剂亩用 3 ～ 5 kg 拌土撒施在病树周围，浅翻 3 ～ 5 cm，或用 500 ～ 800 倍液灌根处理，但注意不能与农药及杀菌剂同时灌根施用。

⫼ 枝蔓病害 ⫼

五、猕猴桃细菌性溃疡病

猕猴桃细菌性溃疡病是一种具有隐蔽性、爆发性和毁灭性的细菌性病害。主要危害猕猴桃树干、枝条，严重时造成植株、枝干枯死，在猕猴桃产区有逐步加重之势。首次于 1980 年在日本神州静冈县发现，其后于 1983 年在美国加利福尼亚州发生危害。我国最早在 1986 年湖南东山峰林场发生危害，2010 年新西兰和意大利相继爆发危害，2011 年智利发生危害，目前已经成为威胁全球猕猴桃生产中最严重的病害。

该病的发生具有隐蔽性、爆发性和毁灭性的特点，发病危害具有以下特点：（1）发病早。从元月中下旬开始果园就开始发病，三月中下旬进入发病高峰期。（2）发生范

图 1-21　猕猴桃细菌性溃疡病危害严重导致植株死亡

围广。不同品种、不同树龄、盛果期树、初果期树、幼树、新建园、实生苗、雄株等都有发病现象。（3）发病部位多。果柄、芽眼、气孔、虫孔、枝蔓分叉处、主干、剪锯口、老伤疤等部位都有发病。（4）发病果园一般管理粗放，单产过高，预防不到位，红阳等中华猕猴桃普遍发病较重，老果区发病较重。

（一）危害症状

猕猴桃溃疡病主要危害树干、枝条，严重时造成植株、枝干枯死，同时也危害猕猴桃的叶片和花蕾。

1.危害树干

危害主干后，最初从发病部位芽眼、叶痕、皮孔、果柄、分叉处及伤口等处溢出乳白色黏质菌脓，病斑下皮层深褐色腐烂，逐渐变软呈水浸状软腐，树干或大枝上可出现纵向裂缝。藤蔓上感病处显深绿至墨绿色水渍状病斑，后溢出菌脓。植株进入伤流期后，病部的菌脓与伤流液混合从伤口漫溢出，被空气氧化后呈锈红色，果农称之为"流红水"。菌脓顺着树干流下，扩延至整个树干发病。病菌能够侵染至木质部，髓部充满菌脓，造成局部黑褐色溃疡腐烂，影响养分的输送和吸收，造成树势衰弱，病害严重危害主干后，病斑腐烂后扩展绕茎一周会导致发病部以上的枝干死亡，菌脓也会向下部蔓延扩展，导致地上部分枯死或整株死亡。

图1-22 猕猴桃细菌性溃疡病侵染初期出现乳白色菌脓

图1-23 猕猴桃细菌性溃疡病侵染初期出现乳白色菌脓，皮层下水渍状褐色腐烂

图 1-24　猕猴桃细菌性溃疡病侵染后菌脓渐变成黄褐色

图 1-25　猕猴桃细菌性溃疡病侵染后菌脓成锈红色

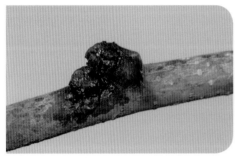

图 1-26　猕猴桃细菌性溃疡病后病斑会变成黑红色

图 1-27　猕猴桃细菌性溃疡病侵染后期气温回升菌脓变干，不再溢脓

图 1-28　猕猴桃细菌性溃疡病染病后分叉处溢脓

图 1-29　猕猴桃细菌性溃疡病染病后皮孔溢脓

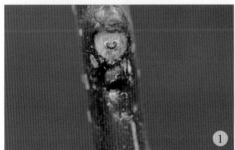

图 1-30　猕猴桃细菌性溃疡病染病后叶痕溢脓

图 1-31　猕猴桃细菌性溃疡病染病后果炳溢脓

图 1-32　猕猴桃细菌性溃疡病染病后芽子溢脓

图 1-33　猕猴桃细菌性溃疡病染病后萌发的芽子染病

图 1-34　猕猴桃细菌性溃疡病染病后芽子受害死亡

图 1-35　猕猴桃细菌性溃疡病危害主干

图 1-36　猕猴桃细菌性溃疡病染病后伤口溢脓

图 1-37　猕猴桃细菌性溃疡病主干发病状

图 1-38　猕猴桃细菌性溃疡病危害主干发病严重

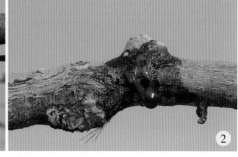

图 1-39　猕猴桃细菌性溃疡病危害主蔓发病状

图 1-40　猕猴桃细菌性溃疡病危害枝条皮层腐烂成脓状

图 1-41　猕猴桃细菌性溃疡病染病后枝条皮层褐色腐烂，芽子死亡

图 1-42 猕猴桃细菌性溃疡病染病后枝条皮层全褐色腐烂　　　图 1-43 染病后树皮开裂

图 1-44 猕猴桃细菌性溃疡病危害严重导致植株死亡

　　调查发现，在猕猴桃溃疡病感染枝条后，病原细菌可以在韧皮部和木质部的交界层扩散传播，甚至可以沿某一处成细线状传播到生长最旺盛的部位，如即将萌发的芽等，造成芽子腐烂死亡，但枝条外面看起来没有明显症状。后期随着病害加重，病原菌也可以侵入木质部沿导管传播，断口处木质部亦出现溢脓症状。严重时，枝条髓部充满菌脓。同时也发现，一年生和二年生枝条染病后，即使后期刮治后控制病害危害，枝条正常生长，甚至可以开花、结果，但是进入夏季 7、8 月高温季节，由于枝条受害导致水分输送故障，枝条也会干枯死亡。同样部分染病主干也会由于同样原因，在夏季 7、8 月份干枯死亡。这种隐蔽性的发病症状加大了生产防控难度，也表明了溃疡病防控中预防的重要性；一旦入侵感染，不易防控，易造成严重损失。

图 1-45　PSA 菌可以在枝条皮层传播

图 1-46　PSA 菌可以在枝条皮层与木质部之间传播

图 1-47　PSA 菌在猕猴桃主干木质部传播

图 1-48　PSA 菌可以在髓部传播

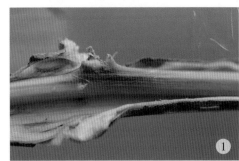

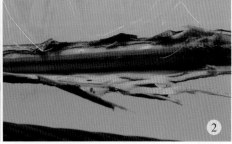

图 1-49　PSA 菌在枝条皮层下的传播侵染

图 1-50　防治染病的一年生枝条死亡

图 1-51　染病枝条后期生长水分供应不足死亡

2.危害叶片

叶片发病一般主要在春季展叶期，首先在新生叶片上呈现水浸状褪绿小点，后发展为 1～3 mm 的不规则形或多角形褐色病斑，病斑周围有 3～5 mm 明显的淡黄色晕圈，将染病叶片正对阳光，这一特征十分明显，"褐色多角形病斑周围有一黄色晕圈"也成为猕猴桃溃疡病发病初期识别的典型症状。

湿度大时病斑湿润并有乳白色菌脓溢出，高温条件下病斑呈红色，在连续阴雨低温条件下，多角形病斑扩展很快，有时也不产生黄色晕圈。染病后期，叶片病斑周围黄色晕圈会消失，这一时期识别的主要特征就是不规则、多角形病斑。随着发病严重，叶片上的许多小病斑相互融合形成大的枯斑，叶片

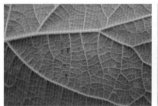
图 1-52　叶片染病初期出现水渍状病斑

图 1-53　叶片正面染病（对光）

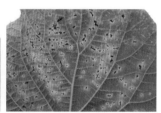
图 1-54　叶片背面染病（对光）

图 1-55　叶片发病症状

图 1-56　叶片染病后期症状（叶片正面）

图 1-57　叶片染病后期症状（叶片背面）

图 1-58　叶片染病后期发病症状

边沿向上翻卷、焦枯，最后干枯死亡，而且不易脱落。这些也是区别于猕猴桃褐斑病的典型特征。

3. 危害花蕾

花蕾受害后，花蕾表面初溢出乳白色菌脓，后期菌脓变锈红色。染病花蕾不能张开，变褐枯死脱落。

图 1-59 PSA 感染后花蕾褐变　图 1-60 花蕾染病后溢脓　图 1-61 花蕾染病后溢脓

（二）病原菌

猕猴桃溃疡病的病原为丁香假单胞杆菌猕猴桃致病变种（*Pseudomonas syringae* pv. Actinidiae，简称为 PSA）。细菌菌体短杆状，大小为（1.4～2.3）μm×（0.4～0.5）μm，鞭毛单极生，多数具极生鞭毛 1 根，少数有 2～3 根鞭毛；不具荚膜，不产生芽孢，革兰氏染色为阴性。在牛肉蛋白胨培养基上的菌落为乳白色、圆形、光滑、边缘全缘，菌落生长速度较慢，培养 24 h 后的菌落仅有针尖大，培养 36 h 后的菌落直径大概 0.75～2.02 mm。该病原菌好氧，并可以在 4℃左右的温度下生长，在温度达 41℃ 时则停止生长。能利用葡萄糖、蔗糖、L- 阿拉伯糖、木糖、肌醇、三梨醇、甘露醇产酸，不产气。不能利用乳糖、麦芽糖、鼠李糖、酒石酸盐。氧化酸精氨酸双解酶呈阴性，接触酶呈阳性。不产生果聚糖，不产生硫化氢。不能水解淀粉和软化马铃薯。盆栽接种结果表明，可以侵染桃、大豆、蚕豆、番茄、魔芋、马铃薯、洋葱，但不能侵染玉米、高粱、油菜、白菜、萝卜、胡萝卜、芹菜。在低倍显微镜下，染病组织切片周围会溢出大量菌脓，呈喷散云雾状，这也是初步判断细菌感染的一种方法。

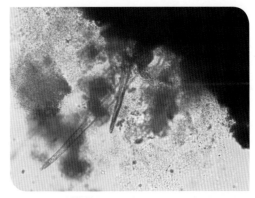

图 1-62 猕猴桃叶片染病组织切片在低倍显微镜下的溢脓状

（三）发病规律

1. 病害循环规律

猕猴桃溃疡病原细菌主要在树体病枝上越冬，或随病枝病叶等残体在土壤中越冬。翌年一般在2月上旬至3月上旬气温适于病原菌活动时在田间出现溃疡病症状，3月中旬至4月中旬出现发病高峰期，主要危害主干、主蔓和结果母枝。部位多从衰弱的枝杆皮孔、芽基、落叶痕、枝条分权处开始，如遇风雨，不断重复侵染。4月中下旬后随着温度升高，病原菌开始停止活动，潜伏于寄主体内越夏，枝干上的病情发展趋缓慢以至基本稳定。到了9月中旬病情再次出现一小高峰，主要危害秋梢和叶片。其后病原菌从叶痕、果柄和刀伤、冻伤等寄主伤口处侵入寄主体内，潜伏越冬，下年早春继续危害。

2. 入侵与传播

主要通过风雨、昆虫传播，或修剪等农事操作时，借修剪刀、农具等传播，从气孔、水孔、皮孔、虫伤、冻伤、刀伤等伤口侵入，远距离传播主要依靠人为调运苗木、接穗、花粉等活体实现传播。果园内侵染入侵传播主要是风雨、伤流液、昆虫及农事操作等引起。

图1-63　PSA菌脓随风雨传播

图1-64　病菌随伤流液沿主干传播

图1-65　菌脓掉到叶片上传播

图1-66　斑衣蜡蝉刺吸危害传播PSA

图 1-67　猕猴桃果园蝇类舔食携带传病　　图 1-68　随接穗带病传播嫁接感染

3. 发病时期

在猕猴桃生产中，一般一年有两个发病时期：一是春季，在伤流期到谢花期。以春季伤流期发病最重，伤流期进入发病高峰。伤流期中止后，病情就逐渐下降。至谢花期，气温升高，病害停止扩展。二是在秋季，果实成熟前后。一般枝条很少发病，仅秋梢叶片上有症状表现。在传染途径上，一般是从枝干传染到新梢、叶片，再从叶片传染到枝干。

但是，近年来，我们调查发现，猕猴桃溃疡病可以在猕猴桃园周年发生，每个生长季节都能发现该病的危害。特别是生产上为了防控溃疡病危害，采取的多主干栽培模式，每年都要培养新的主干，当年萌发的主干多为实生萌蘖，多不抗病，生长于架下近地表处，湿度大，温度低，适宜于溃疡病病原菌繁殖，而且夏季生长季节多不防控，往往成为果园病原菌的发病来源，应当引起重视。

图 1-69　气温升高超过 25℃后病斑菌脓变干，不再流脓

4. 影响发病的因素

（1）气候因素影响发病时间和发病的速度。猕猴桃溃疡病属于低温高湿性病害，低温高湿有利于该病害的发生和流行。病原菌在气温 5℃以上时开始活动，15 ～ 25℃是病原菌的发育最适温度。气温超过 25℃发病速度减缓，大于 30℃时基本停止繁殖扩展。以春季伤流期发病较普遍，主要危害主干和枝条。

谢花期后，气温升高，旬平均气温达 25℃ 以上，病害基本停止流行，直到第二年春季才表现出发病症状。春季旬均温 10～14℃，如遇大风雨或连日高湿阴雨天气，病害易流行。

（2）树势状况影响发病的轻重程度。田间管理良好，树势强健的果园发病明显较轻，而管理粗放、树体营养不良的发病明显较重。以施用优质有机肥为主、化肥为辅，或配合施用氮磷钾三元素肥料的果园发病较只单纯使用化肥，尤其单纯施用氮肥的轻；灌水过多、树体虚旺、树冠郁闭的园以及土层浅薄或土壤黏重的园发病较重；行间套种其他作物的园发病重；初挂果的幼树较成年树发病重；滥用膨大素、树体负载量过大的园发病较重；园中其他病虫害如叶蝉类危害较重的溃疡病发病重。

（3）品种抗病性程度是抵抗病害的基础。抗病品种发病轻，感病品种发病重。生产上的栽培品种中以美味系列有一定的抗病性，中华系列大多不抗病。品种感病程度从高向低依次为红阳、海沃德、秦美、哑特。生产上的典型事例就是新西兰栽培的黄金果黄肉猕猴桃品种由于不抗溃疡病而遭到毁灭。一般长势弱的品种发病较重，长势强旺的品种发病较轻，抗逆性强的品种抗病轻。人工栽培品种较野生种抗病差。

（4）低温冻害会加重溃疡病的发生。如果先年出现冻害，次年春季溃疡病的发生就严重。原因是冻害在树体上造成伤口，利于病菌侵入。以前误解溃疡病流脓是冻害的主要原因就是冻伤的植物组织容易感染溃疡病病菌。

图 1-70　冬季低温冻伤后易感染 PSA，加重危害

（5）伤口是溃疡病病菌的主要入侵口。猕猴桃果园在秋季至春季，果园伤口越多发病越重。虫伤、冻伤、剪口等伤口是猕猴桃栽培中溃疡病病菌关键入侵点。在猕猴桃生产上采果、落叶、修剪和绑蔓后等都易形成伤口，是溃疡病入侵感染的关键时期，也是预防溃疡病感染的关键时期。地势高的果园风大，植株枝叶摩擦伤口多，有利细菌传播和侵入。

（四）综合防控技术

猕猴桃溃疡病的防治对策是"预防为主、综合防治、周年防控"。坚持防重于治的原则，预防是防治溃疡病的关键，防治上要早发现、早治疗，综合防控才能有效控制溃疡病危害。

1. 严格检疫，防止病菌传播扩散

这是防控猕猴桃溃疡病传播扩散的关键。猕猴桃溃疡病远距离传播是人为造成的，主要途径是苗木和接穗的调运。加强检疫，严禁从病区引进调运栽植的猕猴桃苗木和接穗，对来源不明的外来苗木要进行消毒处理。

2. 选育、栽植抗病品种，应用抗病性强的砧木，是防控猕猴桃溃疡病的根本措施

猕猴桃溃疡病防治难，加强抗病品种和抗性强的砧木等的选育，栽植抗病品种是从根本上控制猕猴桃溃疡病危害的主要措施，也是病害高发区防控危害的基础。在发病严重的地区，新建园时要栽植抗病性强的品种。生产上抗病的优良品种有海沃德、金魁、徐香等。中华系列中的红阳、黄金果等品种高感溃疡病。如果栽植感病品种后，一直猕猴桃细菌性溃疡病发病严重，经济效益差，须及时高接换抗病的品种。生产上，溃疡病重病区及管理水平不高地区均应慎重发展感病的中华系猕猴桃品种。

3. 加强果园科学栽培管理，增强树体抗病能力，是防控猕猴桃溃疡病的基础

采取综合措施加强栽培管理，增强树势，提高抗病抗灾能力，使溃疡病即使侵入植株体内也不发病或发病轻微。凡能够增强树势的因素或措施都有利于控制溃疡病危害。

（1）科学栽培管理，平衡施肥。科学合理施肥，减少氮肥，增施有机肥、磷钾肥。平衡配方施肥，以有机肥为主，增施微生物菌肥，减少化肥用量。有机肥要充分腐熟，幼园每年亩施有机肥 1 500 ～ 2 000 kg，盛果期果园每亩施有机肥 4 000 ～ 5 000 kg。特别是采果后要及时施足基肥，膨大期喷施叶面肥补充营养。适当追施钾、钙、镁、硅等提高植物抗性的矿质肥料，生长后期控制氮肥的使用量。大量使用生物有机肥及生物菌剂肥可以抑制溃疡病的发生，使土壤中有机质含量增加，土壤疏松，土壤团粒结构好，有益菌处于强势。猕猴桃根系发达，吸收养分高；树体生长健壮，抗病性增强结合用药效果明显。

（2）高位嫁接，多主干上架栽培。由于冬季低温冻害多发于根茎部的嫁接口部位，容易导致溃疡病发生，所以在容易发生冻害的地区可以采用高位嫁接的措施，一般在60～80 cm处嫁接。对于容易感病的中华系猕猴桃品种，生产上可以采取多主干上架的栽培技术，一般保留2～3个主干，将感病主干疏除，保留未感病的主干。但对于抗病的美味猕猴桃不建议采取多主干栽培模式。

（3）合理负载，增强果树抗病能力。合理负载产量，保持生长与结果平衡，才能增强树势，提高抗病能力。根据树势和目标产量确定适度负栽量，搞好疏蕾、疏花和疏果工作。一般美味猕猴桃盛果树将亩产量控制在2 500～3 000 kg，中华猕猴桃控制在1 500～2 000 kg左右。禁止使用膨大剂等植物生长调节剂，防止出现大小年影响树势均衡，一旦树势变弱，极易感染溃疡病。尤其对于中华系列猕猴桃如红阳、黄金果等高感品种一定要控制产量，平衡树势，保持植株健壮生长，提高树体的抗病能力。

（4）合理灌溉。应根据猕猴桃需水规律及降雨情况适时灌溉，特别是夏季高温及时灌溉，冬季及时进行冬灌。雨期注意排除积水排涝。但猕猴桃伤流前期少灌水或不灌水，以免加重病害发生。

4.加强果园卫生管理，清除田间菌源，减少田间溃疡病菌源数量

（1）冬季及时彻底清园，清除越冬菌源。结合冬季修剪，剪除病虫残枝，刮除树干翘皮，将残体、枯枝、落叶、僵果等全部清理出园，集中焚烧深埋，最好进行高温沤肥腐熟后再还田，使园内无溃疡病的病残体遗留。冬季树干涂白也可减少树干上的病原菌量。

（2）冬季休眠期化学清园。冬季休眠期至萌芽前，全园喷施3～5波美度的石硫合剂进行化学清园，消灭果园越冬的病害、介壳虫、叶螨等虫害。

（3）春季及时清除病枝和发病组织。1～2年幼树发病，应从发病部位以下彻底剪除病枝杆。对于一年生和二年生枝条感病后及时剪除。对2年以上的大树，发病部位在主干以上的，如树的主干较多，可对发病主干剪除，如树的主干仅有1～2个，应对病部及早刮除，彻底刮清病组织上部好皮，将病枝和刮除的病组织清除出果园及时烧毁或深埋处理。并用高浓度链霉素或铜制剂涂刷伤口，同时全园喷药保护。在伤流期暂时不要剪除病枝，伤流结束后再剪除病枝，对剪除的病枝蔓要及时带出果园烧毁或深埋或粉碎沤肥处理，严禁将病枝堆放在果园周围，防止病原菌的扩散和蔓延，减少病原菌侵染源。

（4）夏季生长季节及时清除根部萌蘖苗和实生苗。对于一些采用多主干

树形的猕猴桃果园，根据果园具体情况，进行合理选留。

5. 做好消毒、减少伤口、防治害虫等，切断溃疡病的入侵传播途径

（1）接穗严格消毒。严禁栽植带菌苗木和病园采集接穗，接穗可用中生菌素、春雷霉素等抗生素或铜制剂 200 ～ 300 倍液浸泡 20 ～ 30 min 彻底消毒后再嫁接。

图 1-71　接穗带病嫁接后感染 PSA

图 1-72　接穗消毒

（2）合理修剪，及时保护伤口，防止二次浸染。冬剪时间根据当地实际，适时进行冬季修剪，必须保证修剪完后进入伤流期时修剪口能完全痊愈。一般猕猴桃落叶后 7 ～ 10 d 即可修剪，秦岭北麓猕猴桃产区多在 12 月冬至前后进行冬剪。抓住时机，及时完成修剪，促使修剪伤口愈合，防止感染溃疡病。如果冬剪完后，春季伤流期修剪伤口流伤流液，说明修剪过晚。

伤流液一般是清亮的液体，后期伤流液会变成白色或黄色的黏稠状，上面腐生杂菌变黑色，但其上还会继续滴清亮的伤流液，这与猕猴桃溃疡病的菌脓不同。当然，溃疡病也会从伤口感染，混合伤流液，但此时会出现锈红色的菌脓，要仔细分辨。

图 1-73　猕猴桃未愈合的修剪口流出的伤流液

图 1-74　猕猴桃修剪口流出伤流液后期变化

果园合理修剪，以减少伤口，尤其在伤流期尽量不要修剪，以防止病菌的传染。新旧剪口、锯口或伤口，先用100倍液菌毒清或铜制剂或抗生素进行消毒，然后涂抹伤口保护剂或封口胶，防止病菌侵入。

图1-75　剪口消毒封口

（3）修剪嫁接工具严格消毒。剪刀、锯子及嫁接刀等修剪嫁接工具要用酒精、甲醛或升汞液严格消毒，或也可使用200～300倍液的抗生素或铜制剂药液浸泡消毒，防止病菌交叉人为传播。最好使用两套修剪工具，随带消毒桶，一套放入消毒，一套修剪，剪完一株树后将用过的修剪工具放入消毒，再用消过毒的继续修剪，如此交换工具修剪，既不影响修剪速度，也能充分消毒防止交叉感染。

图1-76　修剪工具消毒

（4）防治刺吸式口器昆虫危害。特别针对幼园，在9～10月及时防治园内其他病虫害如大青叶蝉和斑衣蜡蝉等刺吸式口器害虫，避免树体受伤，减少溃疡病入侵传播的途径。

（5）做好果园卫生管理，做好消毒工作。严格果园管理，禁止随意进入果园，进出果园的人员和机械要做好消毒工作。果园里面的病枝、病叶等要及时收集进行处理。果园工具要统一管理，使用时必须进行消毒处理。

6. 加强树体防冻措施，避免冻伤降低抗逆性和加重病害发生

冻害能加重溃疡病病害的发生，生产中应注意中、长期的天气预报，提前做好准备，在寒潮来临时及时防冻。猕猴桃生产上的防冻措施主要有以下几个方法：

（1）涂干。主要是树干涂白。涂白不但能够减小昼夜温差，防止急剧的升温和降温导致树体受损，同时还可在树体表面形成一层保护膜，阻止病菌侵入。涂白剂的配制比例为：生石灰10份、石硫合剂2份、食盐1～2份、黏土2份、水35～40份，涂白时间在秋季落叶后至土壤解冻前，主干和大

枝全面刷白。

不建议将树干涂黑，容易受冻。严禁用植物油（如菜籽油等）和动物油（如猪油等）进行涂干防冻。

（2）包杆。用稻草等秸秆对猕猴桃主干进行包杆处理。一定要注意包杆材料要透气。严禁用塑料薄膜等不透气的材料包杆。

以上2种对主干的防冻保护措施在实施以前，一定要对主干和主蔓进行彻底的消毒处理防控溃疡病。否则，涂干或包杆后会影响后期溃疡病的防控效果。

（3）喷施抗冻剂。在低温来临前几天，果园喷施芸苔素内酯、壳聚糖等也可减轻因冻害引起的猕猴桃细菌性溃疡病的发生。

（4）果园灌水、喷水。根据天气预报，低温来临前及时全园灌水。有喷灌设施的果园及时打开喷灌设施进行全园喷水防冻。

（5）果园熏烟。当寒潮即将来临时，在园内上风口点燃提前准备好的发烟物如锯末或发潮的麦草等，使烟雾笼罩整个果园，可有效防止温度剧降。

（6）果园吹风。在往年容易发生低温冻害的果园可以考虑安装果园吹风机，一旦低温来临，打开吹风机，搅动果园冷、热空气混合，防止冷空气下沉造成冻害。

图 1-77　主干主蔓涂白防冻

图 1-78　包杆防冻

图 1-79　涂干前先须严格防控 PSA

7. 抓住关键时期及时施药预防，及时进行药剂防控

猕猴桃溃疡病的药剂防治主要采取药剂预防和药剂治疗相结合的原则。一旦入侵感染，药剂治疗效果不佳，提前药剂预防是药剂防控猕猴桃溃疡病的关键，前期预防以保护伤口防入侵为主，后期防治以杀灭病原菌，降低田间菌源量为主。

（1）关键时期药剂预防。药剂预防要在生育期进行，主要是使用药剂杀死枝、叶上的病菌，并在枝条、树干上形成保护层，保护伤口使病菌无法在植株表面存活并侵入植株体内。任何一个阶段出现空档，都会给病菌侵入留下机会。凡是果园中造成大量伤口的时期都应进行药剂预防。

生产中秋季采果后、初冬落叶后和冬季修剪后 3 个关键时期必须做好病害的药剂预防工作。

①秋季果实采收后及时预防。果实采收后植株上形成大量伤口，应及时全园细致喷药保护。可用 3% 中生菌素水剂或 0.15% 四霉素（梧宁霉素）水剂 600 ～ 800 倍液，或 46.1% 氢氧化铜可湿性粉剂 1 000 倍液，或 20% 噻菌铜悬浮剂 500 ～ 800 倍液等。

②初冬果树落叶后及时预防。落叶后应尽快全树细致喷药保护。可以喷洒 45% 施纳宁水剂 200 ～ 300 倍液，或 20% 乙酸铜可湿性粉剂 600 ～ 800 倍液，或 46.1% 氢氧化铜可湿性粉剂 800 ～ 1 000 倍液，或 20% 噻菌铜悬浮剂 500 ～ 800 倍液，或 3% 中生菌素水剂 600 ～ 800 倍等。

③冬季修剪后及时预防。冬季后会形成大量伤口，对于大的修剪口或锯口可以用高浓度的药剂消毒后用封剪油或油漆等进行保护，同时剪完后全园全树细致喷药保护伤口。可以喷洒 45% 施纳宁 150 ～ 200 倍液，或 46.1% 氢氧化铜可湿性粉剂 800 ～ 1 000 倍液，或 20% 噻菌铜悬浮剂 500 ～ 800 倍液，或 3% 中生菌素水剂或 2% 春雷霉素水剂 600 ～ 800 倍液等。喷洒方法可全园喷雾、或整株喷淋、或涂抹树干。

（2）加强病害发生调查，发现危害，及早药剂治疗。生产中猕猴桃溃疡病菌入侵树体发病后的初期治疗效果还是较好，但是一旦入侵感染较重时，药剂治疗效果不佳。所以在溃疡病感染初期要及时、及早进行药剂治疗，控制和减轻病害的危害。

治疗溃疡病应尽早进行，一般从 1 月下旬开始，定期在园内检查，要做到早发现早治疗，越早采取措施药剂治疗的效果就越好。

药剂治疗主要要做好早春初侵染期、春季发病高峰期和展叶期 3 个关键时期的防治工作。

①早春初侵染期是药剂防治的关键期，要早发现早防治。一般在秦岭北麓猕猴桃产区的 1 月上中旬至 2 月上中旬是猕猴桃溃疡病的初侵染的关键时期（南方产区可能更早些），病害田间发病的主要症状是出现乳白色的菌脓点。这段时间要在果园仔细检查，一旦发现染病植株及时进行防治。

②春季发病高峰期防治。大约在 2 月下旬至 4 月中旬是猕猴桃溃疡病的发病高峰期，应根据果园发病情况及时防治。可用 45% 施纳宁水剂 150 ～ 200 倍液喷雾或涂抹树干、主枝，或 46.1% 氢氧化铜可湿性粉剂 800 ～ 1 000 倍液，或 3% 中生菌素水剂或 2% 春雷霉素水剂等抗生素 600 ～ 800 倍液、或 20% 噻菌铜悬浮剂 500 ～ 800 倍液、或 95% CT（细菌灵）原粉 2 000 倍液全园喷雾，每隔 7 ～ 10 d 喷 1 次，连喷 2 ～ 3 次，严重时连喷 3 ～ 4 次。

③叶片展叶期防治。展叶期是溃疡病主要危害叶片的时期，此期要做好防治。可用 3% 中生菌素水剂或 2% 春雷霉素水剂等抗生素 600 ～ 800 倍液，或 3% 噻霉酮可湿性粉剂或 20% 噻菌铜悬浮剂 500 ～ 800 倍液等药剂喷雾防治。

（3）采取不同方法进行药剂治疗。药剂治疗的方法除了全园喷雾防治外，针对发病植株的具体情况采取不同处理措施。

①刮涂。对于主干、枝条上的初发菌脓斑，用小刀刮除后涂药。

②剪枝。对于 1 ～ 2 年生病枝及时剪除；带离果园集中烧毁，同时处理伤口。

③刮治。对主干、主枝上发现的病斑，先刮去病斑的表皮，找出变色的韧皮部范围，用利刀沿病斑外围 0.5 ～ 1 cm 切划深达木质部，刮去病部组织，用 DTM50 倍液，或抗生素 300 倍液，或 21% 过氧乙酸的水剂 2 ～ 5 倍液将伤口仔细涂抹一遍。将剪下的病枝和刮下的病斑树皮带出园外烧毁。同时对剪除病枝的剪子、刮刀等要用酒精、甲醛或升汞液消毒。但伤流期不能采取刮治措施，一般在伤流前或伤流后进行。

④划道涂药。对于大的主干或主蔓发病特别严重，发病部位病斑面积大的，也可采取划道的办法，将病斑纵向用小刀划几个道，然后涂药，使药剂能迅速进入发病组织杀灭病菌，促使树体恢复。

（4）做好生长季节溃疡病的防治，周年防控。根据溃疡病的周年发生规律，一般进入 5 月份后，病斑不再扩展，进入停滞状态，但也有少量病斑 5 ～ 6 月份仍可有少量扩展，7 月份以前全面检查刮除涂治一遍，施纳宁 150 倍液喷雾或涂抹树干。

　　注意做好果园近根部萌发的实生苗和根蘖苗上溃疡病的防治，减少秋季发病的菌源。特别是为了防治溃疡病而采取多主干上架的果园，保留合适的培养主干后，疏除过多的实生苗和萌蘖苗。同时对架面郁闭的果园要对根蘖苗喷药防治。

　　（5）药剂防治的注意事项。

　　①药剂进行喷施防治时，主杆、枝蔓和叶片均匀周到喷施，每 7 ～ 10 d 喷 1 次，连喷 2 ～ 3 次。

　　②使用的药剂要轮换使用，防止猕猴桃溃疡病产生抗药性。

　　③萌芽期喷雾必须慎重，合理科学用药，如石硫合剂要注意使用的浓度；铜制剂要注意高温 30℃ 以上和雨季不能使用，避免产生药害。

　　④喷雾时可以使用增效剂，提高渗透和黏着力，以保证效果。

　　⑤防治时要统一彻底防治，消灭传染源，防止果园间相互传播。

　　在猕猴桃溃疡病综合防控上一定要提高认识，充分认识猕猴桃溃疡病的发病规律和侵染特点，同时也要认识到猕猴桃溃疡病防治难度大，缺少特效药剂的事实，抓住关键防治期及时做好预防，不能只注重防治而轻视预防，既重视农药防治，也要重视农业防控措施，科学选用农药，防治与否效果肯定不一样。最后还要充分认识到中华系列品种大多数不抗溃疡病的现实，栽种这一类品种的首要任务是做好溃疡病的综合防控。

六、猕猴桃膏药病

　　猕猴桃膏药病属于猕猴桃主要的枝干病害，主要危害猕猴桃的主干和枝条，常常伴发桑白蚧等介壳虫，加重危害程度，一般在南方猕猴桃产区发生危害比较严重。

（一）危害症状

　　猕猴桃膏药病危害猕猴桃树干及枝条，主要危害一年生以上的枝干。病菌初侵染后在受害部位产生近圆形的白色菌丝斑，逐渐扩大蔓延，病斑中间由白色变为灰褐色至深褐色，外缘多有一圈灰白色圈带，最后全部变成深褐色。该病的病原菌在枝干树皮表面上形成不规则或圆形的平贴状菌丝体寄生汲取枝干中的营养物质，菌体多呈土黄至灰褐色，也有粉红至紫红者，后期出现龟裂，容易剥离。菌体在树皮表面平贴形似膏药，故名膏药病。受害主干和枝蔓相当于病原菌的营养体，会因丧失营养而逐渐衰弱，多个病斑连成一片或绕枝蔓一周时，使枝干上长满海绵状子实体，造成枝蔓缺乏营养而枯死。子实体上有褐色突起，每个突起下面常常伴有一个介壳虫，主要为桑白蚧等介壳虫，加重病害的危害程度，造成大量枝蔓干枯死亡。

图 1-80　猕猴桃膏药病

（二）病原菌

猕猴桃膏药病的病原菌主要有两种：白隔担耳菌（*Septobasidium albidum* Pat.）和田中隔担耳菌（*Septobasidium tanakae* Miyabe），前者常常引发灰色膏药病，后者引发褐色膏药病，都属于担子菌亚门层菌纲隔担菌目隔担菌属真菌。其形态特征如下。

1. 白隔担耳菌

子实体乳白色，表面光滑，菌丝柱与子实体之间有一层疏散略带褐色的菌丝层，子实体厚 100～390 μm，原担子大小为（16.5～23）μm×（13～14）μm，呈球形、亚球形或洋梨形；担孢子大小为（17.6～25）μm×（4.8～6.3）μm，弯椭圆形，单胞，无色。

2. 田中隔担耳菌

子实体褐色，菌丝壁较厚，褐色，直径3～5μm，原担子大小为（49～65）μm×（8～9）μm，纺锤形，具2～4个隔膜，单胞，无色；担孢子大小为（27～40）μm×（4～6）μm，镰刀形，略弯曲，单胞，平滑。

（三）发病规律

1. 病害循环规律

猕猴桃膏药病属弱寄生性病害。病原菌主要以菌膜在病枝干上越冬。翌年春夏间温湿适宜时，产生担孢子通过风雨或介壳虫传播，从皮孔、伤口入侵，在寄主枝干表面萌发为菌丝，发展为菌膜。既可从寄主表皮摄取养料，也可以介壳虫排泄的蜜露为养料而繁殖。

2. 影响发病的因素

（1）管理不良的果园发病重。化肥尤其偏施氮肥生长茂密的果园发病重；荫蔽、管理不良的果园发病较重；在我国南方产区，树冠郁闭的老果园发病普遍。

（2）介壳虫危害加重病害危害。介壳虫多的果园，发生严重。

（3）缺硼易诱发病害发生。土壤严重缺硼导致猕猴桃枝干裂皮而易诱发膏药病。

（4）气候因素。猕猴桃生长季节高温多雨条件下容易发病。

（四）综合防控技术

1. 加强果园科学管理

根据果园树势和目标产量，加强冬季修剪，选留合理的结果母枝，加强夏季修剪，合理整形，降低果园郁闭程度，增强猕猴桃架下的通风透光条件。科学施肥，减少氮肥的施用量，增施磷钾肥和腐熟的有机肥。

2. 及时清除病枝蔓，减少果园菌源量

冬季剪除受害枝蔓，清除果园病虫枝、枯枝、集中烧毁。生长季节危害严重的枝蔓或者已经干枯的病枝蔓也要及时剪除，带出果园进行烧毁或深埋处理。

3. 补硼增加树体抗性。

对因土壤严重缺硼导致猕猴桃枝干裂皮而诱发的膏药病，于花期树冠喷0.2%硼酸溶液，并在树下按每平方米撒施硼酸 1～2 g 来防治。

4. 药剂防治

（1）冬季药剂防治。冬季到萌芽前，用波美 3～5 波美度石硫合剂或 1∶20 石灰乳涂抹病部。

（2）刮病斑涂药处理。对于局部发病比较严重的枝蔓可以用刀刮除病斑，用杀真菌剂涂药处理，如可以涂 400～500 倍托布津或多菌灵，或者用 3～5 波美度石硫合剂(加0.5%五氯酚钠)涂抹杀菌，连涂 2～3 次，每次相隔 7 d 左右。注意涂刷的时候，要从病部的外围逐渐向内部涂刷，才能收到较好的效果。

（3）喷雾防治。将食盐、生石灰、甲基硫菌灵、水按 1∶4∶0.15∶100 的比例配成混合液喷雾，也可用 20% 松脂酸钠可溶性粉剂 800 倍液，或 80% 代森锰锌可湿性粉剂 800 倍液，7～10 d 喷 1 次，连喷 2～3 次。

（4）除虫控病。介壳虫如桑白蚧等的发生促进膏药病的发生和扩展，所以要加强介壳虫的防治。可用 48% 乐斯本乳油 1 000 倍液、10% 吡虫啉可湿性粉剂 3 000 倍液、2.5% 高效氯氟氰菊酯乳油 2 000 倍液等进行防治。具体可以参考介壳虫防治章节的处理措施。

七、猕猴桃蔓枯病

猕猴桃蔓枯病是一种主要发生在猕猴桃枝蔓上的枝干病害，又叫猕猴桃干枯病或枝枯病，是猕猴桃主要病害之一，发病严重的果园常常造成大量枝梢死亡，甚至造成整枝或整株死亡，在我国产区发生较为普遍。

（一）危害症状

猕猴桃蔓枯病主要危害两年生以上的枝蔓，当年生新枝不发病。发病后首先叶片萎蔫，随病害扩展，几天后干枯。病斑多出现在剪锯口、嫁接口及枝蔓分叉处，发病初期微有水渍状红褐色病斑，扩大成长为椭圆形或不规则形的暗褐色病斑。发病后期发病部位失水后逐渐干缩下陷、凹陷，病斑上散生许多小黑点（病原菌的分生孢子器），空气潮湿时，从小黑点内溢出乳白色卷丝状分生孢子角。凹陷病斑环绕枝蔓直径一半以上后，病斑上部逐渐枯死。如果病斑向枝蔓的四周扩展环绕一周，则病斑以上枝蔓枯死。

图 1-81　猕猴桃蔓枯病发病症状　　图 1-82　猕猴桃蔓枯病发病枝蔓　　图 1-83　猕猴桃蔓枯病发病枝蔓散生小黑点

（二）病原菌

猕猴桃蔓枯病病原菌为半知菌亚门腔胞纲球壳胞目拟茎点霉属的葡萄拟茎点霉 [*Phomopsis viticola* (Sacc.) Sacc.] 异名（*Fuscicoccum viticolum* Reddick）。有性态为子囊菌门的葡萄生小隐孢壳菌 [*Cryptosporella viticola* (Red.) Shear.]。子囊壳黑褐色球形，有短喙；子囊无色、圆筒形至纺锤形；子囊孢子单胞无色，长椭圆形，大小为（11 ～ 15）μm ×（4 ～ 6）μm。无性态分生孢子器黑色，大小为 200 ～ 400 μm，初圆盘形，成熟后变为球形，具短颈，顶端有开口。分生孢子器中产生两种分生孢子，甲型分生孢子椭圆形至纺锤形，单胞无色，两端各生 1 油球，大小为（7 ～ 10）μm ×（2 ～ 4）μm；乙型分生

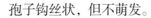

孢子钩丝状，但不萌发。

（三）发病规律

1. 病害循环规律

猕猴桃蔓枯病菌以菌丝体或分生孢子器在病枝蔓组织内越冬。翌年春季4～5月气温上升，降雨后使病枝上分生孢子器吸湿，孔口涌出乳白色孢子角（分生孢子），借风雨或昆虫媒介传播到枝蔓上，由伤口、气孔、皮口感染老蔓或幼嫩组织侵入枝蔓危害。抽梢期和开花期前后达到发病高峰期。病菌侵入后，如果树体活动旺盛，枝蔓抗病性强，则潜伏不表现症状，树体抗病力减弱时才表现症状。

2. 影响发病的因素

（1）管理不善的果园发病严重。管理粗放、修剪过重、水肥不足、挂果过多、土质瘠薄、树势衰弱的发病重；架面郁闭，通风透光差的果园发病重。

（2）果园树体伤口多的发病重。剪锯口、虫伤、冻伤及各种机械伤口越多发生越重。

（3）低温冻害会加重病害发生。特别是冻害造成的伤口是诱导该病害发生的主要条件。

（4）品种抗病性差的容易发病。品种间抗病性差异明显，中华系猕猴桃品种容易感病。

（5）气候因素。降雨可促进孢子的传播，降雨早、雨量大、降雨时间长、园内湿度大有利于病菌传播，发病重。如果天气干燥、降雨少或园内湿度小，一般发病轻或不发病。

（四）综合防控技术

1. 科学建园

不在低洼易遭冻害的地方建猕猴桃园。在容易遭受冬季低温冻害的果园要栽植抗冻抗病能力强的猕猴桃品种。

2. 剪除病枝蔓，降低果园菌源量

及时剪除病残枝及茂密枝，结合修剪清理果园，将病残物及时清除，减少病源。修剪后及时在剪口涂抹保护剂保护伤口。

3. 防冻抗病

北方寒冷地区加强防寒防冻措施预防冻害，减少枝蔓冻伤，提高树体抗病能力，减少病害发生。具体措施可参考本书相关章节内容。

4. 加强果园管理，增强树势，提高树体抗病力

科学合理施肥，增施有机肥和磷钾肥，管理精细，合理负载，保持植株旺盛生活力可增强树体的抗病性，抑制病害显现症状。科学修剪，调节架面下的通风透光条件。冬剪后在剪口涂抹保护剂保护伤口。注意控制灌水，地势低洼的果园，雨季注意排水。

5. 药剂防治

（1）药剂清园，减少果园初侵染菌源量。休眠期喷 1 次 3～5 波美度的石硫合剂。萌芽前可喷施 45% 代森铵水剂 400 倍液，或氯溴异氰脲酸可湿性粉剂 750 倍液，铲除园内植株表面的越冬分生孢子器和分生孢子。对老蔓上病斑，彻底刮除腐烂组织，直至见到无病的健康组织，并用 0.1% 升汞溶液消毒后涂上石硫合剂原液。每隔 7～10 d 涂 1 次，连涂 3 次。同时集中烧毁病枝及刮下的病残体。

（2）药剂喷雾防治。5 月下旬至 6 月上旬发病初期，全园喷雾防治，可以喷施 40% 五氯硝基苯粉剂 200～400 倍液，或 50% 多菌灵 800～1 000 倍液，或 80% 代森锰锌可湿性粉剂 800 倍液、70% 丙森锌可湿性粉剂 600 倍液、14% 络氨铜水剂 300 倍液、40% 双胍三辛烷基苯磺酸盐可湿性粉剂 800～1 000 倍液等药剂，根据发病情况，每 7～10 d 喷 1 次，交替用药，连喷 2～3 次。

///Ⅳ 叶部病害///

八、猕猴桃褐斑病

猕猴桃褐斑病是猕猴桃叶部常见的一种真菌性病害，是猕猴桃生长中后期危害最严重的病害之一，常常造成大量落叶，甚至落果，对鲜果品质和产量影响很大，危害极为严重。该病在我国猕猴桃产区发生危害普遍严重，但南方产区危害更加严重，猕猴桃生产上发病后危害严重，必须提前做好预防。

（一）危害症状

猕猴桃褐斑病主要危害猕猴桃叶片。叶片染病后叶边缘先出现水渍状暗绿色小病斑，后沿叶缘或向内扩展，病斑多呈圆形、椭圆形等规则形，但后期随病害扩展，多个病斑融合形成不规则形的大的褐色病斑。病斑四周深褐色，中央褐色至浅褐色，发病后期散生或密生许多黑色小点粒（病原菌的分生孢子器）。多雨高湿条件下，病情扩展迅速，病斑由褐色变黑色，引起霉烂。叶

面上的病斑较小，约 3 ～ 15 mm，近圆形至不规则形，病斑透过叶背，呈黄棕褐色。高温时，被害叶片向叶面卷曲，病斑呈黄棕色，易破裂，叶片干枯易脱落。病斑发病后扩展迅速，会造成大量落叶，尤其在果实成熟后期，发病严重时，常常造成大量落叶，

图 1-84　狝猴桃褐斑病病叶

图 1-85　狝猴桃褐斑病危害状

图 1-86　狝猴桃褐斑病病叶（正面）　　　图 1-87　狝猴桃褐斑病病叶（背面）

图 1-88　狝猴桃褐斑病危害造成大量落叶　　图 1-89　狝猴桃褐斑病危害造成成熟期严重落叶，只剩果实

树上仅留果实，严重影响果实后期的成熟和果树的生长，同时落叶后造成枝条大量芽子萌发新稍，影响下一年的结果和生长。

发病严重时，甚至可以感染果面，出现淡褐色小点，最后呈不规则褐斑，果皮干腐，果肉腐烂。后期枝干也受病害危害导致落果及枝干枯死。

图1-90　猕猴桃褐斑病危害落叶后促使芽子萌芽

图1-91　猕猴桃褐斑病危害状——萌发新梢

（二）病原菌

1. 小球壳菌

猕猴桃褐斑病病原菌主要有2种，为子囊菌亚门的一种小球壳菌（*Mycosphaerella* sp.）及半知菌类丝孢纲暗色孢科棒孢属的多主棒孢霉（*Corynespora cassiicola*）。

子囊壳球形，褐色，顶具孔口，大小为（145.6～182）μm×（125～130）μm；子囊棍棒形或倒葫芦形，端部粗大并渐向基部缩小，大小为（35.1～39）μm×（6.5～7.8）μm；子囊孢子长卵圆形或长椭圆形，双胞，淡绿色，大小为（10.4～13.6）μm×（2.9～3.3）μm，在子囊中双列着生。无性世代为半知菌叶点霉属的一种叶点霉（*Phyllosticta* sp.）。其分生孢子器球形，棕褐色，顶具孔口，大小为（104～114.4）μm×（114.4～ 119.6）μm，产生于叶表皮下；分生孢子椭圆形，单胞，无色，大小为（3.3～ 3.9）μm×（2.1～2.6）μm。

2. 多主棒孢霉

主要发生于我国南方四川、江西等猕猴桃产区，多主棒孢菌丝分枝、半透明、壁光滑，宽2～6 μm。分生孢子梗由菌丝衍化而来，直立、单生、浅棕色，有隔膜，无子座，顶端具0～9个圆柱状层出梗；分生孢子常单生或2串生，直立或稍弯，圆柱形或倒棍棒形，半透明至浅橄榄色，4～20个假隔膜，孢子大小为（9～22）μm×（40～220）μm。在PDA培养基上，菌落绒毛状，质地较致密，灰色至浅棕色，培养基表面大多形成毡毛状的菌丝层。

（三）发病规律

1. 病害循环规律

猕猴桃褐斑病的病菌以分生孢子器、菌丝体和子囊壳等随病残体（主要是病叶）在地表上越冬。翌年春季嫩梢抽发期，分生孢子器和子囊壳分别产生分生孢子和子囊孢子，借风雨传播到嫩叶上进行初侵染，此后多次再侵染产生危害。4～5月多雨，气温20～24℃，病菌入侵感染，潜伏

图1-92　猕猴桃褐斑病以病叶在地表越冬

危害，6月中旬后开始发病，7～8月高温高湿（25℃以上，相对湿度75%以上）进入发病高峰期，叶片后期干枯，大量落叶，到8月下旬开始大量落果。秋季病情发展缓慢，但9月份多雨天气，病害仍发生很重，出现大量落叶，仅留果实的现象，10月下旬至11月底，猕猴桃落叶后病菌在落叶上越冬。南方猕猴桃产区5～6月恰逢雨季，适宜于病原菌入侵感染，气温20～24℃发病迅速，7～8月气温25～28℃，多雨天气，病叶大量干枯卷曲脱落，严重影响猕猴桃果实成熟和树体生长。

南方猕猴桃产区发生的多主棒孢菌主要的菌丝体或分生孢子等随病残体在土壤中或其他寄主植物上越冬、越夏，病原菌存活力较强，至少可存活2年。分生孢子可借风、雨或农事操作在田间传播。多主棒孢菌丝生长最适温度为28℃，产孢最适温度为30℃。相对湿度90%以上才能萌发，水滴中萌发率最高，15～35℃范围内均能萌发，最适温度为25～30℃。因此，高温、高湿条件有利于棒孢叶斑病的流行和蔓延。

2. 影响发病的因素

（1）气候因素。高温高湿条件发病严重。猕猴桃褐斑病属于高温高湿性病害，一般25℃以上，相对湿度75%以上的田间发病严重。雨水是病害发生发展的主要条件，夏季多雨季节发病严重。

（2）果园管理不善，郁闭的果园发病重。冬季修剪留枝量过多，夏季修剪不到位，架面通风透光不良，湿度过大，也会导致病害大发生。

（3）排水条件差的果园发病重。地下水位高、排水能力差的果园发病较重。

（四）综合防控技术

1. 冬季彻底清园

猕猴桃褐斑病主要以病残体在落叶上越冬，清除落叶等病残体，减少越冬菌源量是冬季防控猕猴桃褐斑病的关键措施。结合冬季修剪，彻底清除修剪下的枯枝、病虫枝和落叶落果等病残体，带出果园烧毁或沤肥。同时结合施基肥将果园表土深翻 10～15 cm，

图 1-93　冬季休眠期彻底清扫落叶出园处理

将土表病残叶片和散落的病菌翻埋于土中，消灭越冬病原菌，使之次年不能侵染。

2. 加强果园土肥水的管理

地下水位高的果园，尤其是南方地区，要采用高垄栽培；科学配方施肥，减少氮肥施用量，多施有机肥，增施磷钾肥，改良土壤结构，培肥地力；根据树势合理负载，适量留果，维持健壮的树势；科学整形修剪，做好冬季修剪，加强夏季修剪，保持果园架面通风透光条件。夏季做好果园生草或留草。

3. 合理灌溉，做好排水工作，降低果园湿度条件

建园时做好果园的排灌水设施。夏季病害的高发季节注意控制灌水，最好采用滴灌或喷灌等，如果没有，尽量采用小水行间灌溉，避免大水漫灌，防止大幅度增加果园湿度。同时猕猴桃褐斑病高发季节常常雨水较多，要做好排水工作，尤其南方产区要及时修缮果园的排水设施如排水沟、排水渠等，大雨或暴雨后要能及时排出雨水，防止果园积水，减轻发病程度。

4. 药剂防治

药剂防治是防控猕猴桃褐斑病的主要技术措施，猕猴桃褐斑病病区要在初侵染期提前做好预防工作，同时要在猕猴桃生产中监测，出现发病症状及时进行药剂防控。主要做好以下三个时期的药剂防控：

（1）休眠期化学清园。猕猴桃落叶进入休眠期到萌芽前，全园喷施一遍 3～5 波美度石硫合剂清园，清除越冬的病原菌。注意喷施时果园树体和地面都要喷到，不能漏喷。

（2）初侵染期药剂预防。花后 5～6 月份初侵染期是预防猕猴桃褐斑病

的关键时期，必须予以重视，建议猕猴桃园都应该喷施一次药剂进行预防。药剂可以选用 70% 甲基硫菌灵可湿性粉剂 600～800 倍液，或 50% 退菌特可湿性粉剂 800 倍液，或 50% 多菌灵可湿性粉剂 600～800 倍液，或 75% 百菌清可湿性粉剂 500～600 倍液，或 70% 代森锰锌可湿性粉剂 500～800 倍液，或 10% 多抗霉素可湿性粉剂 1 000～1 500 倍液，或 50% 多·霉威可湿性粉剂 1 000 倍液等。

需要强调的是，此期由于猕猴桃处于幼果期，果皮幼嫩容易产生药害，预防药剂的选择不建议使用三唑类杀菌剂，以防造成畸形果。同时幼果期喷施药剂切忌任意加大药剂浓度和任意混用药剂，防止产生药害。喷药时最好使用单剂，不混用其他药剂如杀虫剂和叶面肥等，防止影响幼果生长。

（3）发病高峰期防治。猕猴桃褐斑病发病高峰期主要为 7～8 月，甚至秋季雨水多的年份或地区 9～10 月份也会出现发病严重期，要根据田间发病情况及时喷药防控。这一时期，猕猴桃基本停止膨大生长，转入积累营养阶段，果皮发育成熟，抵抗外界能力强，防治药剂选择既可选用前面预防时使用的药剂，也可选用三唑类杀菌剂等进行防治。如选用 43% 戊唑醇悬浮剂 2 500～3 000 倍液，或 10% 苯醚甲环唑水分散粒剂 1 500～2 000 倍液、25% 丙环唑乳油 3 000 倍液，或 12.5% 烯唑醇可湿性粉剂 1 000～1 500 倍液等药剂进行喷雾防治。一般每 7～10 d 喷 1 次，连喷 2～3 次，发病严重的连喷 3～4 次，并注意选用不同机理的药剂交替使用，提高防治效果。

九、猕猴桃灰斑病

猕猴桃灰斑病是猕猴桃叶片主要病害之一，在我国产区发生较普遍，近年来同猕猴桃褐斑病的发生一样，呈上升趋势，为害较为严重。

（一）危害症状

猕猴桃灰斑病主要从叶缘开始发病，出现水渍状退绿褐色病斑，后形成灰色病斑，逐渐沿叶缘迅速纵深扩大，侵染叶面。叶面的病斑受叶脉限制，多呈不规则状。病斑穿透叶片，叶背病斑黑褐色，叶面病斑暗褐至灰褐色，重病果园远看一片灰白。发病严重的叶片上产生轮纹状灰斑，后期病斑散生许多小黑点（病原分生孢子器）。轮纹状病斑上的分生孢子器呈环纹排列。常常造成叶片干枯、早落，影响正常产量。

图 1-94 猕猴桃灰斑病危害症状

（二）病原菌

猕猴桃灰斑病的病原菌有 2 种，为半知菌亚门黑盘孢目黑盘孢科盘多毛孢属的两种真菌：烟色盘多毛孢菌（*Pestalotia adusta* Stey）和轮斑盘多毛孢（*Pestalotiosis* sp.）。

1. 烟色盘多毛孢菌

该菌侵染猕猴桃叶片形成的病斑为灰色病斑，无轮纹。其分生孢子盘黑色，散生，最初埋生于叶组织中，后期突破寄主表皮外露，直径为 125 ~ 240 μm；分生孢子长梭形，大小为（14 ~ 19）μm ×（5.5 ~ 6.5）μm，直立，由 5 个细胞组成，中部 3 个细胞长度大于宽度，黄褐色；顶细胞无色，端部稍尖，有纤毛 2 ~ 3 根，基细胞短锥至长锥形，尾端 1 根约 3 μm 长柄脚毛。

2. 轮斑盘多毛孢

果园湿度大时，该菌侵染猕猴桃引起的灰褐色病斑与烟色盘多毛孢菌侵染形成的病斑没有明显的区别，但在气候干燥条件下，灰色病斑上多具轮纹。其分生孢子盘直径为 172.5 ~ 210.0 μm，密生于叶病部，发育情况与前者相同；分生孢子梭形，大小为（19.6 ~ 23.5）μm ×（7.8 ~ 9.2）μm，也由 5 个细胞组成，中部 3 个细胞为褐色，其中头 2 个细胞色较深；两个端细胞无色，顶胞具 2 ~ 3 根纤毛，长 8 ~ 11 μm，基胞尖细。

（三）发病规律

猕猴桃灰斑病主要以分生孢子、菌丝体在病叶等病残体上越冬。翌年在春季展叶后，分生孢子或菌丝体产生分生孢子，随风雨传播到嫩叶上进行潜伏浸染，在叶片形成的坏死斑上产生繁殖体进行再次侵染。5 ~ 6 月份，在高温条件下开始入侵，到 8 ~ 9 月高温干旱天气，病害发生严重，叶片大量枯焦，导致大量枯死和落果；10 月下旬进入越冬期。叶片染病后抗性减弱，常常进行多次再侵染，致使同一叶片上出现了两种病症。

（四）综合防控技术

1. 彻底清园，降低越冬菌源量

冬季结合修剪后，将剪除的病残枝和地面的枯枝落叶清扫干净，带出果园集中烧毁或沤肥处理。

2. 科学修剪，提高架面通透性，降低果园湿度

根据果园的目标产量和树势，加强冬季修剪和夏季修剪，保持合理的叶幕层，增强架面下通风透光条件，保持果园适当的温湿度，防止果园郁闭，加重病害。

3. 加强管理，提高树体抗病力

合理配方施肥，多施有机肥，减施氮肥，增施磷钾肥，促进树体健康生长，提高树体抗病能力。合理灌溉，尽量采取喷灌、滴灌或微喷灌等灌溉方法，同时做好雨天排水工作，降低果园湿度，减轻病害发生。

4. 药剂防治

主要做好以下三个时期病害的药剂防控：

（1）冬季药剂清园。冬季全园喷 5 ～ 6 波美度的石硫合剂化学清园。

（2）初侵染期及时喷药预防。猕猴桃开花前后各喷 1 次药进行预防，可显著减少初侵染危害。

（3）发病高峰期及时防控。猕猴桃 7 ～ 8 月生长季是发病高峰期，根据发病情况及时全园喷药防治。药剂可选用 70% 甲基硫菌灵可湿性粉剂 600 ～ 800 倍液、或 70% 代森猛锌可湿性粉剂 600 ～ 800 倍液，或 50% 多菌灵可湿性粉剂 500 ～ 600 倍液，或 75% 百菌清可湿性粉剂 500 ～ 600 倍液，或 10% 多抗霉素可湿性粉剂 1 000 ～ 1 500 倍液等进行喷雾，间隔 7 ～ 10 d 喷 1 次，连喷 2 ～ 3 次。

十、猕猴桃轮纹病

猕猴桃轮纹病又名猕猴桃叶枯病、果实腐熟病，是猕猴桃生产上常见的一种病害，常常造成猕猴桃叶片干枯、枝干干枯和果实腐烂，既可危害猕猴桃叶片和枝干，还可危害猕猴桃果实，引起贮藏期果实烂库，造成较大的损失，必须做好防控。

（一）危害症状

猕猴桃轮纹病可以危害猕猴桃的叶片、枝干和果实，严重发病时常常造

成枝干溃疡干枯、叶枯及果实腐烂。

1. 叶片发病症状

叶片感染后首先从叶缘发病，形成近圆形或不规则形、灰白色至褐色的病斑。病斑边缘深褐色，产生同心轮纹与健康部分界限明显，后期散生大量小黑点（即分生孢子器）。危害严重时，叶片病斑扩展相互结合，最后焦枯脱落，造成大量落叶，严重影响猕猴桃生长。

2. 枝干染病症状

枝干和枝条发病主要以皮孔为中心形成多个褐色水渍状病斑，随病害蔓延逐渐扩大，形成扁圆形或椭圆形凸起，多个病斑密集，形成主干和大枝树皮粗糙，枝干出现粗皮症状。后期发病处皮孔大多纵向开裂形成裂口，露出木质部，直接影响树体生长，使树势严重削弱，最后造成枝干溃疡枯死。小枝上的病斑扩展迅速，使皮层组织大片死亡，绕茎一周后枝条萎蔫枯死。

3. 果实发病症状

侵染猕猴桃果实后，在果实生长季节不表现症状，一直处于潜伏状态，果实成熟采收入库贮藏后发病表现症状。主要在猕猴桃果实的果脐部或一侧发病，产生淡褐色病斑，病斑表皮下果肉呈白色锥体状腐烂，腐烂部四周有水渍状黄绿色斑，外缘一圈深绿色，表皮与果肉易分离。在猕猴桃果实后熟阶段发病，果实出现褐色病斑，略凹陷，但不破裂，病斑表皮下果肉颜色呈淡黄色，较干燥，果肉细胞组织出现海绵状空洞状，失去食用价值。

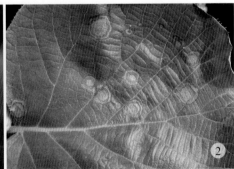

图 1-95 猕猴桃轮纹病

（二）病原菌

猕猴桃轮纹病病菌无性阶段为半知菌大茎点属大茎点菌（*Macrophoma* sp.），分生孢子器球形，具孔口，埋生于组织内，仅孔口露出表皮；内生分生孢子梗和分生孢子，分生孢子单胞，无色，卵圆形，大于 15 μm 以上。

（三）发病规律

1. 病害循环规律

猕猴桃轮纹病以菌丝体、分生孢子器和子囊壳在病枝、病叶、病果组织内越冬，是初次侵染和连续侵染的主要菌源。翌年 3 ～ 7 月份释放出分生孢子，随风雨传播到植株上。7 ～ 9 月气温在 15 ～ 35℃时均能发病，以 24 ～ 28℃最为适宜。春季温、湿度适宜时分生孢子和子囊壳通过风雨传播或雨水溅泼到叶、枝、幼果上，从皮孔或伤口侵入。病菌侵入枝条或果实后以潜伏状态存在，在当年的新病斑上很少产生分生孢子器，树势衰弱或果实进入贮藏后，病情迅速发展，导致枝条枯死、果实腐烂。

2. 影响发病的因素

（1）气候因素。气温高于 20℃，相对湿度高于 75% 或连续降雨，有利于病菌繁殖和孢子大量散布及侵入，病害严重发生。

（2）管理粗放、树势弱的果园发病严重。果园由于管理不善，树势生长衰弱，抗病能力差的果园发病重；田间积水或高湿的果园发病较重。

（四）综合防控技术

防治策略是在加强栽培管理，增强树势，提高树体抗病能力的基础上，采用以清除越冬病菌，生长期喷药防治为重点的综合防控技术措施。

1. 彻底清园

发病期和冬季，结合冬剪，及时清除病株残体，病果、病叶、病枝及刮除的枝干上的病斑及老翘皮等，一并带出果园外处理，减少果园菌源量。

2. 入库检查

果实贮藏入库前，严格剔除病果以及其他有损伤的果实。

3. 加强栽培管理，健壮树势，提高树体抗病性。加强水肥管理，合理施肥，多施有机肥，注意果园排水，促使树势强健，提高抗病性。合理负载，适量挂果，促使树体生长健壮，增强抗病力。

4. 药剂防治

（1）越冬期至早春萌动前喷 3 ～ 5 波美度石硫合剂，杀灭越冬病原菌，减少越冬菌源。

（2）从 4 月份病原菌开始传播时，可以选用 1∶0.7∶200 波尔多液，或 50% 代森锰锌可湿性粉剂 800 ～ 1 000 倍液，或 70% 甲基硫菌灵可湿性粉剂 600 ～ 800 倍液，或 70% 代森猛锌可湿性粉剂 600 ～ 800 倍液，或

50% 多菌灵可湿性粉剂 500 ～ 600 倍液，或 10% 苯醚甲环唑水分散粒剂 1 500 ～ 2 000 倍液，每隔 10 ～ 15 d 喷 1 次，连喷 2 ～ 3 次。注意药剂交替使用。

（3）发病严重的果园，在猕猴桃果实成熟采收前 15 d 喷药 1 次，预防猕猴桃果实感病带菌入库，造成烂库。

十一、猕猴桃褐麻斑病

猕猴桃褐麻斑病是一种危害猕猴桃叶片的叶部病害，在猕猴桃生产上从春季展叶至深秋都可发生危害，严重时造成大量落叶，影响猕猴桃生产。

（一）危害症状

猕猴桃褐麻斑病发病后，最初在叶面产生褪绿水浸状小病斑，随病害扩展渐变为浅褐色、圆形、多角状或不规则形病斑，形态和大小悬殊，叶面斑点呈褐色、红褐色至暗褐色，或中央灰白色，边缘暗褐色，外具黄褐色晕圈，叶背斑点呈灰色至黄褐色。

图 1-96　猕猴桃褐麻斑病

（二）病原菌

猕猴桃褐麻斑病菌为半知类真菌杭州假尾孢（*Pseudocercospora hangzhouensis* Liu & Guo）。该菌子实体叶两面生，次生菌丝体表生，菌丝青黄色，分枝，具隔膜，宽 1.5 ～ 3.0 μm。子座暗褐色，近球形，直径 10.0 ～ 70.0 μm。分生孢子梗紧密簇生在子座上或作为侧生分枝单生于表生菌丝上，近无色至浅青黄褐色，色泽均匀，宽度不规则，不分枝或偶具分枝，0 ～ 3 个隔膜，大小为（13.0 ～ 29.0）μm×（2.0 ～ 3.0）μm。分生孢子窄倒棍棒形至线形，近无色至浅青黄色，直立至弯曲，顶部尖细，基部倒圆锥形，2～11个隔膜，大小为（39.0～79.0）μm×（2.0～3.2）μm。

（三）发病规律

1. 病害循环规律

猕猴桃褐麻斑病以菌丝、孢子梗和分生孢子在地表病残叶上越冬，翌年春季产生出新的分生孢子，借风雨飞溅到嫩叶上进行初侵染，继而从病部长出孢子梗繁殖产生孢子进行再侵染。5月中下旬开始发病，6～8月上旬为发病高峰期，8月中下旬至9月中旬，高温干燥常常导致老病叶枯焦和脱落现象较严重。

2. 影响发病的因素

（1）气候因素。春季雨水多，容易造成病原菌侵染，发病重；夏季高温高湿病害发病严重，高温干燥不利病菌侵染。

（2）管理不善，树势衰弱的果园发病重。郁闭的果园发病重。

（四）综合防控技术

1. 冬季彻底清园

结合冬季修剪，彻底清除修剪下的枯枝、病虫枝和落叶落果等病残体，带出果园烧毁或沤肥。结合施基肥将果园表土翻埋10～15 cm，使土表病残叶片和散落的病菌埋于土中，不能侵染。

2. 加强果园管理，提高树势

增施有机肥和磷钾肥，减少氮肥施用量，促进树体健康生长。合理负载，适量留果，平衡树势。科学整形修剪，保持果园架面通风透光。夏季注意控制灌水和排水，雨后及时开沟排水。

3. 药剂防治

（1）休眠期全园喷施1遍3～5波美度石硫合剂清园。

（2）生长季节进行药剂防控。花后5～6月份喷药预防，7～8月高温多雨发病严重时及时喷药防治。可以选用70%甲基硫菌灵可湿性粉剂600～800倍液，或50%退菌特可湿性粉剂800倍液，或50%多菌灵可湿性粉剂500～600倍液，或75%百菌清可湿性粉剂500～600倍液、70%代森锰锌可湿性粉剂500～800倍液，或10%多抗霉素可湿性粉剂1 000～1 500倍液等药剂，生产上可以结合防治褐斑病进行防治，7～10 d喷1次，连喷2～3次。

十二、猕猴桃白粉病

猕猴桃白粉病是叶部病害的一种，主要危害猕猴桃叶片，叶背覆盖白粉，导致叶片卷缩、干枯，严重影响叶片的光合作用，在猕猴桃产区局部果园危害严重。

（一）危害症状

猕猴桃白粉病发病初，在叶面上产生针头大小的小点，后逐步扩大，感病叶片正面出现圆形或不规则形褪绿斑，背面则着生白色至黄白色粉状霉菌斑，菌丝主要在病斑表面蔓延，以吸器伸入细胞内吸收营养物质。后期粉斑逐渐蔓延至整个叶片，叶片布满白粉，病斑上散生许多黄褐色至黑褐色小颗粒（闭囊壳）。危害严重时，嫩叶扭曲、畸形、枯萎，叶片不开展、变小，枝条畸形等，受害叶片卷缩、干枯，易脱落，甚至造成新梢枯死。

（二）病原菌

猕猴桃白粉病病原菌主要为子囊菌纲白粉菌目白粉菌科的 2 种白粉菌：阔叶猕猴桃球针壳白粉菌（*Phyllactinia actinidiae latifoliae*）和子囊菌大果球针白粉菌（*Phyllactinia imperialis* Miyabe）。

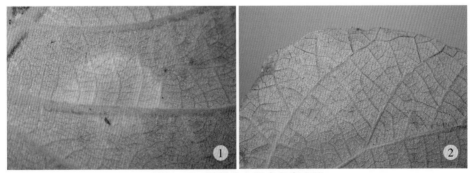

图 1-97 猕猴桃白粉病危害症状

1. 大果球针白粉菌

闭囊壳扁球形，深褐色，着生 10 ～ 23 根基部膨大呈球形的针状附属丝，内含多个无色、卵圆形、有短柄的子囊，子囊内有 2 个子囊孢子，子囊孢子卵圆形，无色，单胞。分生孢子梗单枝，端生分生孢子，分生孢子无色，卵形，单胞。

2. 阔叶猕猴桃球针壳白粉菌

菌落叶背生，白粉状，略作多角形，后来渐带黄褐色，最后有黑色细粒聚生；外生菌丝体有稀疏的隔膜，分枝，无色，直径 6 ～ 7 μm；子囊壳表生，扁球形，黑色，附属丝 15 ～ 23 根，无色，针形，基部球形膨大，子囊 20 ～ 24 个，长椭圆形或圆柱形，有柄，大小为（64.8 ～ 84.6）μm×（21.6 ～ 28.8）μm；子囊孢子不成熟。分生孢子梗直立，圆柱形，无色，平滑，壁薄，有 1 ～ 4 个隔膜，分生孢子单个顶生。

（三）发病规律

1. 病害循环规律

猕猴桃白粉病病菌以菌丝体在被害组织内或鳞芽间越冬。翌年春季适宜条件产生分生孢子，借风雨、气流传播，从气孔、伤口等入侵危害。一般 5 月上、中旬开始发病，7 月下旬至 9 月达发病高峰。甚至 10 ～ 11 月采果后叶片也会发生危害。

2. 影响发病的因素

（1）气候。白粉病菌的生长和发育要求较高的温度，与大多数的真菌不同，白粉病菌是一种最能耐旱的真菌，虽然较高的相对湿度利于其分生孢子的萌发和菌丝生长，但在相对湿度低于 8% 的很干燥条件下，其分生孢子也可以萌发；相反，多雨反而不利于白粉菌孢子萌发，梅雨季节不发病。

（2）栽培管理。栽植过密，氮肥施用偏多，造成枝叶幼嫩徒长和通风透光不良均有利于病菌的发生。

（四）综合防控技术

1. 清除病源

结合冬剪剪除病梢等病残体，彻底清除枯枝落叶，带出园外集中深埋或烧毁，降低果园病菌基数，减轻危害。发病期也可以及时摘除处理病叶和病梢。

2. 加强栽培管理

增施有机肥和磷钾肥，减少氮肥量，防止枝条徒长，提高植株抗病能力。加强夏剪，疏除过密的枝条，保持架面通风透光条件良好。

3. 药剂防治

（1）冬季休眠期及时喷施 3 ～ 5 波美度石硫合剂 1 ～ 2 遍清园。

（2）发病初期选用 1 : 2 : 200 波尔多液，或 25% 三唑酮可湿性粉剂 2 000 倍液，或 15% 三唑酮可湿性粉剂 1 000 倍液，或 70% 甲基硫菌灵可湿性粉剂 1 000 倍液，或 45% 硫磺胶悬剂 500 倍液等进行喷雾防治，间隔 7 ～ 10 d 喷 1 次，连喷 2 次。

十三、猕猴桃花叶病毒病

猕猴桃花叶病毒病是猕猴桃生产上最为常见的一种病毒性病害，基本上是局部偶发危害，在我国猕猴桃产区都能见到，最近几年危害有加重的趋势。

猕猴桃花叶病毒病的危害很严重，植株受病毒侵染后带毒，病毒在细胞核内增殖，干扰、破坏树体正常生理机能，导致长势减退，产量下降，品质变劣，发病严重时造成整株死亡，应当引起重视。

（一）危害症状

猕猴桃花叶病毒病危害的主要症状是叶片出现花叶症状，叶片出现鲜黄色或黄白色不规则线状或片状斑，病健部分界明显。叶脉和脉间组织均可以发病。严重影响叶片的光合功能。

图 1-98　猕猴桃花叶病毒病早期发病症状　　图 1-99　猕猴桃花叶病毒病幼苗发病症状

图 1-100　猕猴桃花叶病毒病发病症状　　图 1-101　猕猴桃花叶病毒病后期发病症状

（二）病原菌

猕猴桃病毒病的病原菌病毒的具体种类目前还不确定，花叶病毒病的病原可能为黄瓜花叶病毒（CMV）、长叶车前草花叶病毒（RMV）和芜菁脉明病毒（TVCV）等病毒的一种或几种混合引起。如黄瓜花叶病毒简称CMV，属于单链核糖核酸、无色膜的三分体球状病体，病毒粒体为球状正二十面体，大小为 28 ～ 30 nm，分子量约为 5.3×10^6，其中 RNA 和蛋白质含量分别为 18% 和 82%。病毒致死温度为 65 ～ 70℃，室温下体外存活期72 ～ 96 h。

（三）发病规律

1. 病害循环规律

猕猴桃病毒病是一种系统性病害，一旦感病后就终身带毒。病毒生命活动很特殊，对细胞有绝对的依存性，存在于细胞外环境时为病毒体或病毒颗粒形式，不显复制活性只有感染活性，进入细胞内则解体释放出核酸分子，借细胞内环境的条件以独特的生命活动体系进行复制和增殖，并产生新的子代病毒。多主要通过汁液传播，刺吸性口器昆虫危害、园艺工具和嫁接接穗均可引起该病传播蔓延。一般从幼叶就开始表现零星的花叶症状，随后一直到落叶期均能发病。

2. 影响发病的因素

（1）树势直接影响发病程度。树势强健时不表现症状；管理不善，负载大结果多，肥水管理跟不上引起树势衰弱时易发病。

（2）气候因素。20 ～ 26℃的持续偏低温连阴雨天气发病重。

（3）害虫发生严重的发病重。尤其是刺吸式害虫如叶蝉、蚜虫、蝽象、斑衣蜡蝉等害虫可以传播病毒病，加重病害发生。

（4）农事操作频繁发病重。果园农事操作频繁，不注重消毒处理，容易加重病害传播和危害。

（四）综合防控技术

猕猴桃病毒病是一种系统性病害，一旦感病后就终身带毒，尤其对多年生的果树，防治困难，造成损失大。而且防治上目前没有有效的治疗药剂，无法根治，所以病毒病的防控关键是提前预防，栽植无毒苗，加强管理防止感染，局部染病后及时清除，成龄园感染后要增强树体，促进树体抗病力。

1. 栽植脱毒无毒苗木

选育抗病品种，组织培养脱毒苗木，栽植无病毒苗木，进行无毒化栽培。

2. 及早发现，清除染病植株

生长季初感染的病毒病有其局限性，及时发现，及时清除。并将病株周围的土壤翻开，暴晒 5～7 d，所用工具也要暴晒 2 h 以上或进行消毒处理，杀灭病毒。

3. 加强树体管理，增强抗病性

土壤增施有机肥，减施氮肥，增施磷钾肥，提高土壤肥力，改善土壤团粒结构，培育土壤有益微生物菌群，养根壮树。合理修剪，合理负载，提高树体抗病毒抵抗力。

4. 切断传播途径，阻止病毒传播蔓延

修剪完病株后用 75% 的酒精或高锰酸钾 500 倍液消毒修剪工具（包括嫁接工具等），防止通过工具交叉感染。在未消毒的情况下再去剪锯无病毒的植株，这样容易造成病毒的机械传播。

5. 药剂防治

由于病毒病没有有效的、根治的治疗药剂，药剂防治主要依靠喷施病毒钝化剂抑制病毒复制和增殖，使之不表现症状。

（1）发病初期，及时喷施 1.5% 植保灵乳剂 1 000 倍液，或 20% 病毒 A 可湿性粉剂 500 倍液，或抗毒剂 1 号 300 倍液，"NS-83" 增抗剂 100 倍液，或 20% 盐酸吗啉胍 800 倍液，或 2% 氨基寡糖素 300 倍液，或 8% 宁南霉素 1 500 倍液，或 2% 香菇多糖 500 倍液，或 0.06% 甾烯醇 1500 倍液喷雾防治。喷药次数视病情和防效决定，一般每隔 7～10 d 喷 1 次，连续喷药 2～4 次。以上药剂可以交替使用。

（2）喷药防治媒介昆虫。及时喷药防治刺吸式害虫如叶蝉、蝽象等，防止病毒的扩散传播。具体用药参见后面害虫防治章节的技术措施。

十四、猕猴桃褪绿叶斑病毒病

猕猴桃褪绿叶斑病毒病是猕猴桃生产上常见的另一种病毒病，局部危害。

（一）危害症状

感染猕猴桃褪绿叶斑病毒病后，叶片的叶脉附近呈现不规则形褪绿斑，病部叶肉组织发育不良，局部变薄，颜色浅绿色，与正常组织形成厚薄不一的叶面，不平或扭曲。

图 1-102　猕猴桃褪绿叶斑病毒病

（二）病原菌

猕猴桃褪绿叶斑病毒病的病原为病毒，目前认为主要有番茄斑萎病毒属病毒（*Topspovirus*）、猕猴桃病毒 A（AcVA）、猕猴桃病毒 B（AcVB）、猕猴桃属柑橘叶斑驳病毒、猕猴桃属褪绿环斑病毒、褪绿叶斑病毒（CLSV）等。这些病毒都可能引起猕猴桃褪绿叶斑病毒病。

（三）发病规律与综合防控技术

参考猕猴桃花叶病毒病。

///Ⅴ 花果病害///

十五、猕猴桃花腐病

猕猴桃花腐病是一种细菌性病害，在我国、新西兰、美国、日本等猕猴桃人工栽培区都有发生。主要危害猕猴桃的花蕾、花，其次为害幼果和叶片，引起大量落花落果，还可造成小果和畸形果，严重影响猕猴桃的产量和品质。最近几年，猕猴桃花腐病发生呈现加重的趋势，猕猴桃产区都要做好防控工作。

（一）危害症状

猕猴桃花腐病主要危害猕猴桃花期的花蕾、花朵及幼果，也可危害叶片。发病初期，感病的花蕾和萼片上出现褐色凹陷斑，随病害扩展，花瓣变为橘黄色，花开时变褐色，并开始腐烂，花很快脱落。危害较轻时，花虽能开放，但花药和花丝变褐或变黑后腐烂。危害严重时，花蕾不能开放，花萼变褐，花丝变褐腐烂，花蕾脱落。感病重的花苞切开后，内部呈水渍状、棕褐色。病菌入侵子房后，常常引起大量落蕾、落花，偶尔能发育成小果的，多为畸形果。花柄染病多从疏除侧蕾（"扳耳朵"）造成的伤口入侵，再向两边扩展蔓延，花柄腐烂，造成落蕾落花。受害叶片出现褐色斑点，逐渐扩大导致整叶腐烂，凋萎下垂。严重时引起大量落花落果，造成小果和畸形果，严重影响猕猴桃的产量和品质。

图1-103　猕猴桃花腐病危害花蕾，褐变，不能开放

图1-104　猕猴桃花腐病危害花蕾，褐色枯死

图1-105　猕猴桃花腐病危害花蕾和花朵，导致枯死

图1-106　猕猴桃花腐病危害花柄

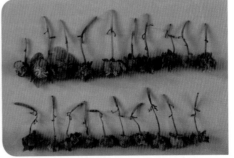

图1-107　猕猴桃花腐病危害花柄，不同程度发病的花蕾和花

（二）病原菌

猕猴桃花腐病的病原菌属于细菌，主要为假单胞杆菌（*Pseudomonas* sp.）中的绿黄假单胞菌（*Pseudomonas viridiflava* Dowson）和萨氏假单胞菌（*Pseudomonas savastanoi*），有较高的同源性。病原菌种类因地区而异。我国陕西、湖南和

意大利主要为绿黄假单胞菌。我国福建、湖北及新西兰主要为萨氏假单胞菌遗传种。生产上发现，猕猴桃溃疡病菌即丁香假单孢杆菌猕猴桃致病性变种（PSA）也可引起花腐病（图 1-59）。

1. 绿黄假单胞菌

为革兰氏阴性菌，杆状，大小为（0.5 ～ 0.6）μm ×（1.5 ～ 3.0）μm，极生鞭毛 1 ～ 4 根，在金氏 B 平板上形成扁平、灰白色菌落，在紫外灯下发出淡蓝色荧光，苯丙氨酸脱氢酶阴性，过氧化氢酶、脲酶阳性，41℃不能生长。

2. 萨氏假单胞菌

为革兰氏染色阴性，杆状，大小为（0.5 ～ 1.0）μm ×（1.5 ～ 3.0）μm，极生鞭毛 1 ～ 4 根，在 KB 平板上形成扁平、奶油状、灰白色的菌落，在紫外光下发出淡蓝色荧光，接种烟草产生过敏性坏死反应，接种马铃薯造成腐烂。

（三）发病规律

1. 病害循环规律

病菌在病残体上越冬，翌年春季，猕猴桃花蕾期开始，主要借风、雨水、昆虫、病残体等传播到花蕾上进行初侵染。调查发现，主要从疏蕾疏花，特别是疏侧蕾时造成的伤口入侵。花期雨水较多或空气湿润条件下，进入发病高峰期，造成大量落蕾落花现象，甚至进入幼果期可以危害果柄，造成落果。

2. 影响发病的因素

（1）气候因素。花期遇雨或花前浇水，湿度较大时发病严重。

（2）品种。花腐病严重程度与开花时间有关，花萼开裂的时间越早的品种，病害的发生就越严重。从花萼开裂到开花时间持续得越长，发病也就越严重。雄蕊最容易感病，花萼相对感病较轻。

（3）管理不善，郁闭的果园发病重。地势低洼、地下水位高，排水不良的果园发病重。修剪不合理，通风透光不良等都易发病。

（4）花蕾期造成的伤口越多发病越重。花蕾期疏蕾疏花形成的大量伤口是花腐病病菌的主要入侵点，应及时进行保护伤口。

（四）综合防控技术

1. 加强果园管理，提高树体的抗病能力

多施有机肥，增施磷钾肥，合理负载，增强树势。花期一般不建议灌溉，以免增加果园湿度，加重病害发生，又免影响授粉作业。如果天气干旱，最好在花蕾期灌溉。雨季注意果园排水，保持适宜的温湿度，均能减轻病害的发生。

2. 改善通风透光条件，减低果园湿度，抑制病害发生

栽植密度不宜过大，对于成龄盛果期果园和过密的果园注意适宜间伐和修剪。合理整形修剪，花期如架面郁闭，及时疏除过密的枝条和过多的花蕾，改善通风透光条件。

3. 清除病源，捡拾病花病果

发病严重的果园，及时将病花、病果捡出猕猴桃园处理，减少病源数量。

4. 花蕾期保护伤口，严防病害入侵感染

花蕾期和花期进行疏蕾疏花时，特别在进行疏侧蕾时会造成大量的伤口，应及时喷药保护。

5. 药剂防治

（1）采果后至萌芽前清园。全园喷施 80～100 倍波尔多液或 3～5 波美度石硫合剂清园。

（2）花蕾期及时喷药防控。在花蕾期进行疏蕾后及时喷药保护伤口，预防花腐病病菌入侵感染。同时花蕾期及时调查，发现出现感病后，及时进行喷药进行防治。可喷施 2% 中生菌素可湿性粉剂 600～800 倍液、2% 春雷霉素可湿性粉剂 600～800 倍液，或 20% 噻菌铜悬浮剂剂 500～800 倍液等喷洒全树，每 10～15 d 喷 1 次。特别是疏除侧蕾后及时喷药保护疏蕾造成的伤口，防治细菌入侵感染。

花期用药一定注意安全，严禁任意加大农药浓度或混配药剂。使用铜制剂最好使用有机铜制剂，禁止使用无机铜制剂，如果要用，必须选用质量好的、细度更细的产品，以防产生药害，特别是某些细度不达标的更易产生药害，如果不能掌握，最好不用。还要选择雾化效果好的喷雾器喷雾。

十六、猕猴桃灰霉病

猕猴桃灰霉病主要发生在猕猴桃花期、幼果期和贮藏期。幼果期多雨危害严重，果园发病率和贮藏期发病率可达 50% 以上，严重影响猕猴桃的生产。

（一）危害症状

猕猴桃灰霉病主要危害猕猴桃的花、叶、幼果及贮藏期的果实。

1. 危害花朵

首先在花上感染发病，染病后花朵变褐腐烂，湿度大时腐烂的花朵上出现灰白色霉层，严重时花朵脱落。

2. 危害叶片

染病的花或病果掉到叶片上导致叶片感染发病，多从叶缘发病，

图 1-108　猕猴桃灰霉病感染花

初期在叶片上形成水渍状斑点，后由叶缘向内呈"V"字形扩展，继而形成灰褐色的水渍状大斑，有时病斑具有轮纹。严重时病斑扩展至整个叶片，导致叶片腐烂脱落，空气潮湿时病部形成灰褐色霉层。

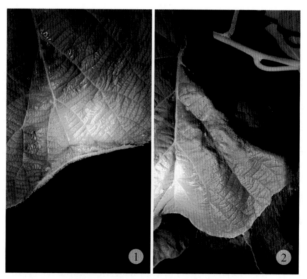

图 1-109　叶片感染灰霉病

3. 危害果实

幼果发病先在残存的雄蕊和花瓣上感染发病，从果蒂处入侵出现水渍状斑，然后幼果茸毛变褐，果皮受侵染扩展到全果，果顶一般保持原状，湿度大时病果皮上现灰白色霉状物，加上用铅丝架流下的黑水混合，果表面发生灰黑色污染物。果实受害后表面形成灰褐色菌丝和孢子交织在一起，可产生黑色片状菌核。严重时可造成大量落果现象。果实后期感病后带菌入库贮藏，会导致贮藏期果实易被病果感染，造成大量烂果。

图 1-110 果实感染灰霉病症状

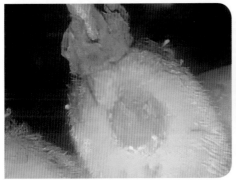

图 1-111 幼果感染灰霉病初期症状

图 1-112 果实感染灰霉病发病严重症状

图 1-113 感染灰霉病病果

图 1-114 猕猴桃灰霉病严重发病，造成大量落果

（二）病原菌

猕猴桃灰霉病的病原菌为半知菌丝孢纲丛梗孢目丛梗孢科葡萄孢属的葡萄孢（*Botrytis cinerea* Pers.）。该菌的分生孢子梗直接产生在菌丝上，常有一个膨大的基细胞。分生孢子梗粗壮，深褐色，单生或丛生，直立，具隔膜，

直径16～30 μm，长2～5 mm，近顶端不规则分生6～7个分枝，顶端细胞膨大形成棍棒状的小梗，每个小梗突出的小齿上形成分生孢子，呈葡萄穗状。分生孢子椭圆形至倒卵圆形，表面光滑，单胞，无色或浅褐色，大小为（9～15）μm×（6.5～10）μm，多核。分生孢子聚在一起呈灰色或灰褐色。病果表面菌丝交织在一起，可产生黑色扁平状不规则形菌核。

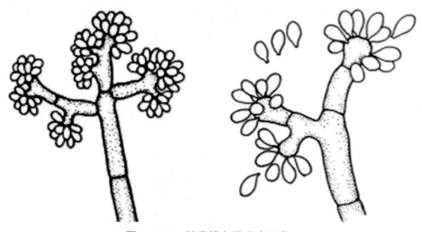

图1-115　猕猴桃灰霉病病原菌

（三）发病规律

1.病害循环规律

猕猴桃灰霉病病菌以菌丝体在病部或腐烂的病残体上或落入土壤中的菌核越冬。翌年猕猴桃初花至末花期，遇降雨或高湿条件，病菌随风雨传至花器侵染引起花腐，带菌的花瓣落在叶片上引起叶斑，残留在幼果梗的带菌花瓣从果梗伤口处侵入果肉，引起果实腐烂。病原菌的生长发育温度为0～30℃，最适温度为20℃左右。病菌在空气湿度大的条件下易形成孢子，随风雨传播。

2.影响发病的因素

（1）气候因素。温度15～20℃，花期和幼果期多雨，病菌循环侵染危害严重。

（2）果园架面郁闭，阳光不足，通风不良，湿度大，易发病且发病重。

（3）排灌水设施不良，下雨后排水不良，果园积水的果园发病重。

（四）综合防控技术

1. 加强管理，增强树体抗病性，降低果园湿度

地下水位高的果园实行垄上栽培，避免密植。保护良好的通风透光条件。对过旺的枝蔓进行夏剪，增加通风透光，降低园内湿度。合理灌水，幼果期避免果园过于潮湿。同时雨天注意果园排水。

2. 清除病果落果

猕猴桃灰霉病发病期及时检查，疏除病果，捡拾病落果，带出田外深埋，防止病菌传播蔓延。否则残留在果园地面的病果会继续繁殖大量的病原菌，随风雨传播到果实上造成二次甚至多次侵染，造成严重危害。

图1-116 残留地面的病果繁殖大量病原菌　图1-117 及时捡拾猕猴桃灰霉病病果出园处理

3. 成熟期采果避免果实受伤感染

采果要避开阴雨和露水未干的时间，同时要佩戴手套，轻采轻放。入库前严格检查，去除病果，防止二次侵染。入库后，适当延长预冷时间，降低果实温度和湿度，再进行包装贮藏。

4. 药剂防治

（1）防控时期。花期前后、幼果期和采果前是防控的关键时期，应及时进行喷药防控。夏剪后，喷保护性杀菌剂或生物制剂。果实采收前15 d可以喷1次杀菌剂，防止带病入库造成烂库。

（2）防控药剂。可以选用50%腐霉利（速克灵）可湿性粉剂600～800倍液，或乙烯菌核利可湿性粉剂500～600倍液，或50%异菌脲（扑海因）可湿性粉剂1 000～1 500倍液，或40%嘧霉胺悬浮剂800～1 000倍液、或10%多抗霉素可湿性粉剂800～1 000倍液等喷雾。根据发病情况，每隔7～10 d喷1次，连喷2～3次。

十七、翠香果实黑斑病（翠香黑头病）

翠香果实黑斑病（翠香黑头病）是猕猴桃生产中危害翠香猕猴桃的一种果实黑斑病害，主要危害翠香猕猴桃果实头部，果实脐部周围表面出现许多黑色小斑点，严重时果变成黑色，所以称为翠香黑头病。近年来，在翠香猕猴桃生产中常常发生危害，甚至部分果园危害严重，不但在果实成熟期造成严重落果，而且入库贮藏后影响果实的贮藏性，容易造成烂库现象，货架期变短，直接影响翠香猕猴桃的生产和销售，造成严重经济损失。

（一）危害症状

翠香果实黑斑病（翠香黑头病）目前发现主要危害翠香猕猴桃果实表皮。果实发病受害后，在猕猴桃果实的脐部周围出现黑色针头大小的病斑。随病害扩展，黑色病斑部分稍凸起呈疱疹状，部分不凸起，随果实生长黑斑数增加，逐渐扩大连成一片，出现片状或块状黑斑，严重时整个果脐周围果实大部分变成黑色，果皮出现黑色病斑，呈现出黑头症状。病害扩展过程中，黑色病斑会从果脐部向果实中部扩展蔓延，甚至可以扩展到果肩周围，但大多以果实脐部和果实中部发病普遍。该病主要危害翠香猕猴桃果实的表皮，黑头病与健康果的主要区别仅存在果实表面的果皮差异，果肉部分没有不同。去除病斑周围的表皮，果肉部分没有出现危害症状，所以称为"果皮黑斑病"可能更为贴切。果实受害一般会促进果实成熟变软，严重时造成果实软熟，出现大量落果现象。受害果实采收后，显著特征就是软的快、不耐贮藏，货架期变短，果实发病部位容易软熟，病果变软、发黑，最后腐烂导致烂库，但果面受害黑色病斑并未出现继续扩展的迹象。

图 1-118　翠香黑头病危害症状

图 1-119　翠香黑头病危害后果肉变软

图 1-120　翠香黑头病严
重危害导致大量落果

图 1-121　翠香黑头病严重危害症状

图 1-122　贮藏期翠香黑头病表现症状

图 1-123　翠香黑头病果肉未出现受害症状

（二）病原菌

翠香果实黑斑病（翠香黑头病）病害致病菌不明。有认为病原菌是半知菌的枝孢霉菌（*Cladosporium* sp.）或者是拟茎点霉菌（*phomopsis* sp.）；也有认为是生理性病害。该病害主要危害翠香猕猴桃果实，在其他品种上目前发现很少危害，所以可能是生理性因素和致病病原菌共同作用的结果，但该致病菌种类尚不明确。

（三）发病规律

1. 病害循环规律

翠香果实黑斑病（翠香黑头病）在翠香猕猴桃果园6月下旬开始出现危害，7月病害危害症状明显。发病早期，翠香果实的果顶端出现零星的小黑色斑点。8月份高温高湿条件下，发病迅速。8月下旬至9月上中旬，翠香猕猴桃成熟期，黑头病危害严重，开始出现落果现象，果实软熟后腐烂。

2. 影响发病的因素

从生产实际调查结果来看，翠香果实黑斑病（翠香黑头病）的发病与以下因素密切相关，直接影响病害的发病危害程度。

（1）气候因素。7～8月高温高湿条件下，黑头病有加重危害的趋势。夏季雨水较多，高温高湿时发病严重。容易积水、地势较低、湿度大的果园发病重。

（2）果园管理因素。架面郁闭，通风透光能力差的果园发病严重。果实发病多在植株内膛和中下部，架面通风透光良好的果园发病轻。化肥施用量大，偏施氮肥，有机肥施用不足的果园发病重。另外管理不善，生长弱的果园发病重。

（3）品种因素。调查发现黑头病主要在翠香猕猴桃果实上危害严重，而美味系的其他品种如秦美、海沃特、徐香等和中华系的红阳、脐红、华优等品种均基本不发病。这可能与翠香猕猴桃的品种特性有关，翠香猕猴桃果实果皮比较薄，而且果实含水量高，其生长阶段对外界环境如温湿度、水分及环境的变化敏感，在外界生长条件影响下，翠香猕猴桃果实容易感染黑头病。当然，可能只是目前还未发现该病害危害其它品种，后期会不会也感染其他品种，还需继续调查研究。

（四）综合防控技术

尽管翠香果实黑斑病（翠香黑头病）的致病源还不能确诊，没有弄清楚。但是我们根据生产上该病在猕猴桃果园的危害症状和发病规律，采取预防为主，综合防治的原则，提出其综合防控技术措施，供参考使用。

1.加强土肥水管理，增强树势，提高抗性

针对翠香猕猴桃的栽培特性，加强土肥水管理，合理施肥，多施有机肥，减少氮肥施用量，增施磷钾肥，促进植株健壮生长，提高植株抗病能力。

2.合理冬剪，加强夏剪，增强架面下的通风透光能力，降低果园湿度

合理负载，科学整形修剪，避免留枝过多。密闭果园要加强夏季修剪，疏除过密的枝条，改善通风透光条件，减低果园湿度，减轻病害的发生。合理灌溉，雨后能及时排水防涝。

3.清除病果

翠香成熟期发生黑头病引发落果后，要及时捡拾落果带出果园处理。

4.喷施补充钙肥

由于翠香猕猴桃果实果皮比较薄，在花后和幼果期，要及时叶面喷施钙肥补钙，促进果实果皮发育，增强果面遭受外界逆境条件的影响，降低发病率。一般可以喷施 0.3% ～ 0.4% 硝酸钙溶液、或 0.2% ～ 0.3% 氯化钙溶液、或 0.3% ～ 0.4% 氨基酸钙溶液。

5.药剂防治

根据翠香果实黑斑病(翠香黑头病)的危害与发病特点，在猕猴桃生产上，药剂防治要提前进行预防。一般在幼果期结合预防褐斑病，及时喷药预防，可以选用 50% 多菌灵可湿性粉剂 800 ～ 1 000 倍液、或 70% 甲基硫菌灵可湿性粉剂 600 ～ 800 倍液、或 10% 多抗霉素可湿性粉剂 1 000 ～ 1 500 倍液、或 75% 百菌清可湿性粉剂 600 ～ 800 倍液等药剂，每 10 ～ 15 d 喷 1 次，连喷 2 ～ 3 次。发病严重时可以连喷 3 ～ 4 次。在药剂选择上，幼果期避免使用三唑类药剂进行预防。同时要注意药剂的浓度和混用，建议尽量喷施单剂，切忌任意加大浓度和混用，避免产生药害。7 ～ 9 月发病期根据发病情况，及时喷药防治，此期药剂可选前面推荐的药剂，也可喷施三唑类药剂防控。

当然，鉴于翠香果实黑斑病（翠香黑头病）病原不明，历年发病严重的果园也可在花蕾期结合预防花腐病，全园喷施中生菌素或春雷霉素 600 ～ 800 倍液进行预防。

十八、猕猴桃炭疽病

猕猴桃炭疽病是猕猴桃生产上的重要病害，在局部危害严重，可以危害猕猴桃的叶片、枝蔓和果实，严重影响猕猴桃的生产。

（一）危害症状

猕猴桃炭疽病可危害猕猴桃的叶、枝蔓和果实。

1. 危害叶片

叶片染病从猕猴桃叶片边缘开始发病，呈水渍状病斑，后变为褐色不规则形病斑，后期病斑中间变为灰白色，边缘深褐色。天气潮湿时病斑上产生许多散生小黑点（分生孢子盘）。发病严重时病斑相互融合成大斑，干燥时叶片易破裂，受害叶片边缘卷曲，出现大量落叶。

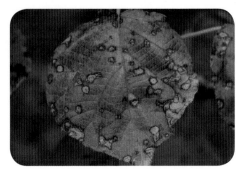

图 1-124　猕猴桃炭疽病危害叶片

2. 危害枝蔓

多危害生长衰弱的枝条，受害枝蔓上形成不规则的褐色病斑，病斑上可产生小黑点。随病害蔓延，病斑逐渐扩大成溃疡斑，后期皮层龟裂脱落，木质部裸露，严重时枝条干枯。

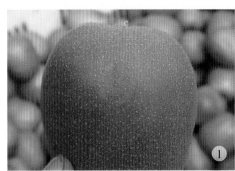

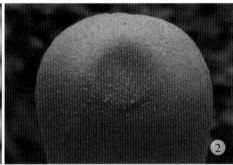

图 1-125　猕猴桃炭疽病危害果实

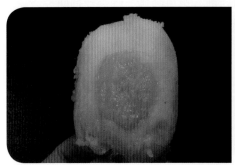

图 1-126　猕猴桃炭疽病危害果实果肉界限明显

图 1-127　猕猴桃炭疽病危害果实剖面

3. 危害果实

果实受害后出现水渍状、圆形、针头大小的淡褐色病斑，随病害扩展，病斑逐渐扩大变为褐色或深褐色，病斑中央稍凹陷。剖开病果，病部果肉向果心呈圆锥状褐色软腐，可烂至果心，与好果肉界限明显，具苦味。病斑上常出现稍隆起的小黑点（分生孢子盘），呈同心轮纹状排列，并且很快突破表皮。空气潮湿时，病部分泌出肉红色分生孢子团黏液。

（二）病原菌

猕猴桃炭疽病病原菌为半知菌亚门腔孢纲黑盘孢目黑盘孢科炭疽菌属胶胞炭疽菌（*Colletotrichum gloeosporiodes* Penz），也称为盘长孢状刺盘孢。在 PSA 培养基上菌落圆形，边缘整齐，浅灰色至鼠灰色，气生菌丝绒状，产生黑色的分生孢子堆，后期产生橘红色分生孢子团。分生孢子盘黑色，直径为 105～141 μm。刚毛黑色混生，有隔膜，大小为（52.5～149）μm×（4.2～ 5.6）μm。分生孢子单胞，无色，长椭圆形至圆筒形，两端钝圆，大小为（13.6～ 18）μm×（3.6～5.4）μm。

有性态为子囊菌亚门盘菌目小丛壳属的围小丝壳（*Glomerella cingulate*），子囊壳丛生埋生或半埋生于寄主表皮下，顶部露出。子囊壳壁深色，膜质，顶部有或无深色的刚毛，壳内无侧丝。子囊多个，无色，棍棒状，无柄，顶端壁厚，有管状结构。子囊孢子无色，单胞，椭圆形或长圆形，直或略弯。

（三）发病规律

1. 病害循环规律

猕猴桃炭疽病菌以菌丝体或分生孢子在病残体、芽、病果等部位在树上或地下越冬。翌年春季温湿度适宜时，特别是降雨后，分生孢子通过风雨或昆虫传播到叶片上，萌发后从伤口、气孔或直接侵染危害。发病后在病叶、病果上产生分生孢子，随风雨扩散再侵染蔓延危害。该病菌具有潜伏侵染的特点，即病菌在叶片组织内发育蔓延，只要树势健壮就不表现症状，当气候条件和栽培条件不利而导致树体抵抗力下降或树势衰弱时，才表现症状。幼果感染后的潜育期长，果实成熟后感染的潜育期短，有时病菌侵染幼果，到近成熟期或贮藏期发病。

2. 影响发病的因素

（1）气候因素。该病属于高温高湿病害，高温高湿多雨时发病严重。

（2）果园管理因素。架面郁闭，通风不畅的果园发病严重。偏施氮肥，长势偏旺的果园发病重。地势低洼，排水不良的果园发病重。

（四）综合防控技术

1. 加强综合管理，增强树势，提高抗性

加强土肥水管理，重施有机肥，合理施用氮、磷、钾肥，避免过量施用氮肥，维持健壮的树势，提高植株抗病能力。

2. 增强通风透光能力，降低果园湿度

合理负载，科学整形修剪，及时摘心绑蔓，密闭果园要加强夏季修剪，改善通风透光条件，减轻病害的发生。合理灌溉，整修排水设施，保证雨后能及时排水，防积水。

3. 彻底清园，清除田间侵染病原菌

冬季结合修剪，彻底清除落叶、病枝、病果；生长季定期巡查果园，及时清除病果、落果等，集中带出果园处理，减少病源。

4. 果实套袋

在猕猴桃炭疽病发病严重的产区进行果实套袋，可以降低果实发病。

5. 药剂防治

（1）休眠期全园喷施 3～5 波美度的石硫合剂清园。

（2）猕猴桃萌芽抽梢期的发病初期开始喷药预防，可以选用 50% 多菌灵可湿性粉剂 800～1 000 倍液，或 65% 代森锌可湿性粉剂 500 倍液，或 50% 代森铵水剂 800 倍液，或 80% 代森锰锌可湿性粉剂 800～1 000 倍液，或 75% 百菌清可湿性粉剂 600～800 倍液，或 70% 甲基硫菌灵可湿性粉剂 600～800 倍液，或 45% 咪鲜胺水乳剂 1 000～1 500 倍液，或 30% 苯醚甲环唑悬浮剂 1 500～2 000 倍液等药剂，每 10～15 d 喷 1 次，连喷 2～3 次。发病高峰期可以连喷 3～4 次。

十九、猕猴桃菌核病

猕猴桃菌核病是猕猴桃生产上易发的花果部病害，主要危害猕猴桃的花朵和果实，造成落花落果现象，影响猕猴桃的生长和产量。

（一）危害症状

猕猴桃菌核病主要危害猕猴桃的花和果实。

1. 危害花朵

雄花受害后呈水渍状，随后变软，衰败凋残而变成褐色团块。雌花被害后花蕾变褐枯萎。多雨条件下病部长出白色霉状物。危害严重时造成大量落花。

2. 危害果实

果实受害出现水渍状褪绿斑，病部凹陷，渐转至软腐，少数果皮破裂溢出汁液而僵缩，后期在罹病果皮的表面，产生不规则黑色菌核粒。病害危害严重时果实大量脱落。病果不耐贮运，易腐烂。

图 1-128　猕猴桃菌核病危害果实后期果面产生黑色菌核

（二）病原菌

猕猴桃菌核病病原菌为子囊菌亚门盘菌纲柔膜菌目核盘菌科核盘菌属的核盘菌核菌 [*Sclerotinia sclerotiorum*（Lib.）dede Bary]。该病菌不产生分生孢子，由菌丝集缩成菌核越冬传播。菌核不规则，黑褐色，表面粗糙，大小为 1 ~ 5 mm，抗逆性很强，不怕低温和干燥，在土壤中可存活数百天。菌核吸水萌发，长出高脚酒杯状子囊盘。子囊盘淡赤褐色，盘状，盘径为 0.3 ~ 0.5 mm，内密生栅状排列的子囊。子囊棍棒形，大小为（90 ~ 139）μm×（6 ~ 11）μm。子囊孢子无色，单胞，椭圆形，单列生长，大小为（6 ~ 14）μm×（3 ~ 73）μm。

（三）发病规律

1. 病害循环规律

猕猴桃菌核病病菌以菌核附于病残体上在土表越冬。翌年春季始花期，菌核萌发产生子囊盘放出子囊孢子，借风、雨传播，先侵染猕猴桃花朵繁殖，形成分生孢子梗，释放分生孢子引起再侵染，幼果期感染果实。菌丝体在病果中大量繁殖并形成菌核，菌核随病残体落地而在土中越冬。温度为 20 ~ 24℃、相对湿度 85% ~ 90% 时，发病迅速。

2. 影响发病的因素

（1）气候因素。春季温暖多雨，土壤潮湿，有利于菌核萌发产生子囊孢子，发病重。猕猴桃开花期遇到连阴雨或低温侵袭，则可能大量发病造成大量落果。

（2）果园管理不善。果园架面郁闭，通风透光条件差发病重。土壤结构差，易板结，排水不良的果园发病重。

（四）综合防控技术

1. 秋冬季彻底清园

结合施基肥后，翻埋表土至 10 ～ 15 cm 深处深埋地表菌核而不能萌发，减少初侵染病源。

2. 生长季清除病果

发病期及时捡拾带病落果，带出果园深埋处理。

3. 药剂防治

根据发病情况，在开花前、落花期和收获前各喷 1 次药剂进行预防和防控，如果上年果园花期被害严重，也可在蕾期增喷 1 次药。药剂可以选用 40% 菌核净可湿性粉剂 800 ～ 1 000 倍液，或 50% 乙烯菌核利 800 ～ 1 000 倍液，或 50% 异菌脲可湿性粉剂 800 ～ 1 000 倍液，或 50% 腐霉利可湿性粉剂 1 000 ～ 1 500 倍液喷雾。如果发病严重，可每隔 7 ～ 10 d 喷 1 次，连喷 2 ～ 3 次，保证防控效果。

二十、猕猴桃秃斑病

猕猴桃秃斑病主要危害猕猴桃果实，在猕猴桃生产上属于偶发病害，局部地区发生危害。生产上可根据各地发病情况进行防控。

（一）危害症状

猕猴桃秃斑病危害猕猴桃果实，多在果肩至果腰处表现症状。发病初期，果毛由褐色渐变为污褐色，最后变为黑色，果皮变为灰黑色。随病害危害蔓延，病斑不断扩展发病，导致表皮和果毛一起脱落形成"秃斑"症状。由外果肉表层细胞愈合形成的秃斑病斑表面粗糙并有龟

图 1-129　猕猴桃秃斑病

裂缝；而由果皮表层细胞脱落后留下的内果皮愈合成的秃斑病斑表面则光滑。如果果园湿度大时，病斑产生黑色的粒状小点（即分生孢子盘）。病果一般不脱落，也不易腐烂。

（二）病原菌

猕猴桃秃斑病病菌为半知菌类拟盘多毛孢属的枯斑拟盘多毛孢菌（*Pestalotiopsis funerea* Desm.）。在 PDA 培养基上菌落白色、绒状，边缘整齐，菌落背面淡黄色。光暗交替培养的菌落分生孢子盘以接种点为中心成环状分布。分生孢子盘黑色，散生，初埋生，后突露，大小为 142 ～ 250 μm，分生孢子长橄榄球形，大小为（21 ～ 31）μm ×（6.5 ～ 9.0）μm，由 5 个细胞组成，中间 3 个细胞污褐色，长 14.5 ～ 19.5 μm；端细胞无色，顶部稍钝，生 3 ～ 5 根纤毛，纤毛长 10 ～ 12 μm。

（三）发病规律

1. 病害循环规律

猕猴桃秃斑病多发生在 7 月中旬至 8 月中旬猕猴桃生长后期的大果期。传播途径可能是以分生孢子、菌丝等在病果上越冬，翌年春季随风雨先侵染其它寄主后，随风雨吹溅分生孢子到果实上萌发侵染危害。

2. 影响发病的因素

（1）气候因素。7 ～ 8 月雨水多易发病。

（2）栽培管理。该病发病要求湿度大。果园郁闭、通风透光能力差，发病重。地势低洼、排水不良的果园发病重。

（四）综合防控技术

1. 加强果园管理，增强抗病力

多施有机肥，增施钾肥，避免偏施氮肥，促进树体健壮生长。

2. 保持架面通风透光，降低果园湿度

科学冬季修剪，合理夏剪，保持架面下的通风透光能力。做好果园排灌水设施，雨后积水能及时排出。

3. 药剂防治

发病初期喷洒 50% 多菌灵可湿性粉剂 600 ～ 800 倍液、或 70% 甲基硫菌灵可湿性粉剂 800 ～ 1 000 倍液、或 75% 百菌清可湿性粉剂 600 ～ 800 倍液等药剂进行防治，每 7 ～ 10 d 喷 1 次，连喷 1 ～ 3 次。

二十一、猕猴桃黑斑病

（一）危害症状

猕猴桃黑斑病主要危害叶片，但也可危害果实。

1. 危害叶片

嫩叶、老叶染病初在叶片正面出现褐色小圆点，四周有绿色晕圈，后扩展病斑变大，轮纹不明显，叶片上数个或数十个病斑融合成大病斑，呈枯焦状。病斑上有黑色小霉点，即病原菌的子座。严重时叶片变黄早落，影响产量。

图 1-130　猕猴桃黑斑病危害叶片

2. 危害果实

多在 6 月上旬出现病斑，初为灰色小霉斑，逐渐扩大，形成近圆形凹陷病斑，刮去表皮可见果肉呈褐色至紫褐色坏死，形成锥状硬块，病果易腐烂脱落。

图 1-131　猕猴桃黑斑病危害美味猕猴桃果实

图 1-132　猕猴桃黑斑病危害红阳猕猴桃果实

图 1-133　猕猴桃黑斑病危害翠玉猕猴桃果实

图 1-134　猕猴桃黑斑病危害猕猴桃果实

图 1-135　猕猴桃黑斑病危害猕猴桃果肉形成锥状硬块

（二）病原菌

猕猴桃黑斑病菌为属半知菌类真菌猕猴桃假尾孢（*Pseudocercospora actinidiae* Deighton）。该菌子座生在叶面，气孔下生，浅褐色，近球形，直径 20.0～60.0 μm。子座上紧密簇生分生孢子梗，少数从气孔伸出或作为侧生分枝单生于表生菌丝上，中度青黄褐色，色泽均匀，宽度不规则，多分枝，直立至弯曲，具齿突，上部屈膝状，多隔膜，长 700.0 μm×（4.0～6.5）μm。

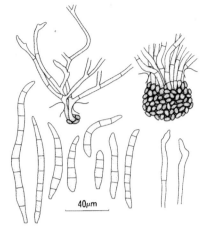

图 1-136　猕猴桃黑斑病病原菌假尾孢菌

分生孢子圆柱形至倒棍棒形，浅至中度青黄色，直立或弯曲，3～9 个隔膜，大小为（20.0～102.0）μm×（5.0～8.5）μm。其有性世代为子囊菌球腔菌属（*Leptosphaeria* sp.）。

（三）发病规律

1. 病害循环规律

猕猴桃黑斑病菌主要以菌丝体和分生孢子器在叶片病部或病残组织中越冬。翌年猕猴桃春季花期前后产生孢子囊，释放分生孢子，随风雨扩散传播，侵染危害。多在 4 月下旬至 5 月叶片发病，5 月下旬至 6 月上旬果实发病，通常近地面处的叶片首先发病，向上蔓延。7～9 月为黑斑病的发病高峰期。

2. 影响发病的因素

（1）气候因素。5～8 月连阴雨天多的年份往往发病重。雨季病情扩展较快，可造成较大损失。

（2）管理不善。果园栽植过密、枝叶稠密，或疯长，通风透光不良的果园发病重。

（四）综合防控技术

1. 彻底清园，减少田间菌源量

采果后结合修剪，剪除病枝，彻底清扫田间枯枝落叶，集中烧毁或深埋。

2. 加强栽培管理，提高树势，降低果园湿度

合理配方施肥、适量合理负载挂果，促使树体生长健壮。雨季注意果园排水，降低果园湿度。

3. 药剂防治

（1）冬季休眠期喷 3～5 波美度石硫合剂清园。

（2）发病初期喷施 70% 代森锰锌可湿性粉剂 800～1 000 倍液，或 70% 甲基硫菌灵可湿性粉剂 600～800 倍液，或 50% 多菌灵可湿性粉剂 500～600 倍液等药液，每隔 10～15 d 喷 1 次，连喷 2～3 次。

二十二、猕猴桃褐腐病

猕猴桃褐腐病又称真菌性软腐病、果实熟腐病、焦腐病，是猕猴桃果实成熟期和采后贮藏期常见的主要果实病害。先是果园果实生长后期发生烂果脱落，后是贮运期间造成大量果实腐烂，个别年份田间成熟期发病严重，冷库贮藏期发病较重，在猕猴桃果实成熟期和贮藏期必须做好防控，减轻危害，降低库损。

（一）危害症状

猕猴桃褐腐病主要危害猕猴桃的果实，也可危害猕猴桃枝蔓。

1. 危害果实

果实发病多发生在收获期和贮运期，但病菌从花期和幼果期入侵，在果肉内长期潜伏。采摘时果实外观无明显发病症状，直到果实后熟期才发病出现症状。但个别年份，中华猕猴桃如红阳等品种在田间采收期就发病严重。发病一般从果蒂、果侧或果脐开始，出现褐色病斑，略微凹陷，病斑部分果肉快速变软，病斑周围呈黄绿色，随着病情的扩大，发病部位变软并凹陷。剥开凹陷处，病部中心呈乳白色，四周呈黄绿色，病健交界处出现水渍状、暗绿色、较宽的环状晕圈，果肉软腐，果皮松弛，果皮易与果肉分离。纵剖病果软腐部位，病部呈圆锥状深入果肉内部，导致果肉组织变成海绵状，具酸臭味。

图 1-137　猕猴桃褐腐病感染病果初期症状　　图 1-138　猕猴桃褐腐病病果　　图 1-139　猕猴桃褐腐病后期感染果实症状

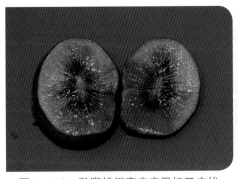

图 1-140　猕猴桃褐腐病病果切开症状

图 1-141　猕猴桃褐腐病病果

2. 危害枝蔓

枝干受害多发生在衰弱的枝蔓上，初病斑为水渍状浅紫褐色，后转为深褐色。在湿度大时，绕茎横向扩展，直达木质部，使皮层组织块状坏死，枝蔓萎蔫，最后干枯死亡。后期病斑上产生许多黑色小点粒，即病菌子座及子囊壳。

（二）病原菌

猕猴桃褐腐病病原菌属于真菌，种类较多，有葡萄座腔菌（*Botryosphaeria dothidea*）、拟茎点霉菌（*Phomopsis lithocarpus*）、链格孢菌（*Alternaria alternate*）及小孢拟盘多毛孢菌（*Pestalotiopsis microspora*）等。但主要的致病菌是葡萄座腔菌和拟茎点霉菌。

1. 葡萄座腔菌

属于子囊菌亚门座囊菌纲假球壳目葡萄座科葡萄座腔菌属真菌，属于弱寄生的病原菌，具有潜伏侵染的特点。在 PDA 培养基上的菌落为白色，圆形，气生菌丝发达，表面绒毛状，无凸起，边缘呈放射状生长。菌落质地较干燥，菌丝部分表生，部分埋生，菌丝透明至浅黄色，分枝具隔，直径为 1.0 ～ 4.9 μm。分生孢子无色，纺锤形或梭形，初为单胞，后生隔膜，多为 2 个隔膜，内含多个不规则油滴，基部平截，顶部稍钝，孢子大小为（20.1 ～ 28.6）μm ×（4.5 ～ 8.9）μm。萌发时，分生孢子先发生膨大，再从两侧分别生长出芽管，有部分孢子能产生 3 ～ 5 个芽管，部分芽管可以形成分枝。子座生在皮下，形状不规则，内生 1 ～ 3 个子囊壳。子囊壳深褐色，扁球形，大小为（168 ～ 182）μm ×（158 ～ 165）μm，具有乳头状的小孔。子囊无色，棍棒形，大小为（89 ～ 110）μm ×（10.5 ～ 17.5）μm。子囊孢子单胞，无色，椭圆形，大小为（9.5 ～ 10.8）μm ×（3 ～ 4）μm。无性型为半知菌亚门的可可球色二孢（*Botrydiplodia theobromae* Pat.）。

2. 拟茎点霉菌

属于半知菌亚门腔孢纲球壳孢目真菌。菌落白色至浅黄色，圆形，质地较干燥，表面不平整，绒毛状，有轻微凸起，边缘不规则，呈放射状生长，生长速度快。菌丝体部分表生，部分埋生，菌丝分枝，具隔，透明至浅黄色。分生孢子无色，甲型孢子椭圆形，一头尖，一头钝圆，具2个明显油球，大小为（4.2～7.8）μm×（1.7～3.5）μm，乙型分生孢子细长，线状或端部呈钩状，大小为（13.2～24.5）μm×（0.4～1.3）μm。其有性态为间座壳菌（*Diaporthe phaseolorum*）。

（三）发病规律

1. 病害循环规律

猕猴桃褐腐病的病原菌为一种弱寄生菌，具有腐生性，在寄主生活力比较弱的情况下才发病，引起严重危害。

该病主要以菌丝、分生孢子及子囊壳在猕猴桃枝蔓、枯枝、果梗及僵果上越冬。翌年春季气温升高，下雨后子囊吸水膨大或破裂，释放出子囊孢子借风雨飞溅传播，从伤口、皮孔、气孔或其他自然开口入侵感染。子囊孢子的释放依靠雨水，雨水是侵染的主要媒介。

病菌从花期或幼果期侵入，在果肉内潜伏侵染，直到果实后熟期才表现出症状。收获前发病会产生落果。冷库贮藏发病一般主要在贮期2月内，产生乙烯影响其他果实的贮藏。贮藏果出库后后熟时发病，会造成局部软化腐烂，影响食用。枝蔓受害多从皮孔或伤口侵入。

2. 影响发病的因素

（1）温度和湿度。温度和湿度是影响褐腐病发生的决定性因素，病菌生长适温为23～25℃，子囊孢子的释放依靠雨水，在降雨1小时内开始释放，2小时可达高峰。贮运期间20～25℃时发病果率最高，病果率可高达70%，15℃时病果率为41%，10℃时为19%。

（2）栽培管理。根据该病的发病规律，一般树势较弱的果园发病重。树势弱，枝蔓细小，肥水供应不足的果园发病重，枝条死亡多。冬季受冻，雨季排水不良的果园发病重。

（3）品种。生产上一般中华猕猴桃品种如红阳等发病比美味猕猴桃严重。

（四）综合防控技术

1. 加强栽培管理

强壮树势提高抗病力。这是防控褐腐病的基础。加强园间管理，合理配方施肥，多施有机肥，施用硫酸钾和硫酸锰，促进植株营养生长和果实发育平衡，强壮树体。雨季注意开沟排水，防止积水。

2. 彻底清园，减少病原菌初侵染源

冬季修剪时彻底清园，清除地面枝叶和落地果实，对树上未修剪掉的病枯枝梢，要清查补剪。一并集中清理出园烧毁或沤肥处理，减少有效菌源量，降低翌年初侵染源。

3. 科学套袋

猕猴桃果实套袋前要对果实、树体喷施杀菌剂进行预防。

4. 科学严格采收

采收时适当晚采可以降低贮藏期病害危害，对中晚熟品种可在可溶性固形物含量达 8% ～ 9% 时采收。采收时要注意轻摘轻放，尽量避免破伤和划伤等产生机械伤口。

5. 加强贮藏期管理

入库前严格挑选，避免将病果带入冷库，造成感染。贮藏至 30 d 和 60 d 时，分别对冷藏果进行两次严格挑拣，剔除伤果、病果。

6. 药剂防治

（1）冬季化学清园。冬季清园结束后，全园喷施 1 次 3 ～ 5 波美度石硫合剂。

（2）开花前或谢花坐果后及时喷药预防。药剂可以选用 50% 甲基硫菌灵可湿性粉剂 600 ～ 800 倍液、50% 多菌灵可湿性粉剂 600 ～ 800 倍液、50% 代森锌可湿性粉剂 600 ～ 800 倍液、70% 代森锰锌可湿性粉剂 800 ～ 1 000 倍液、或 10 亿 cfu /g 多粘芽孢杆菌可湿性粉剂 600 倍液、或 43% 戊唑醇悬浮剂 3 000 倍液，或 50% 异菌脲可湿性粉剂 1 000 倍液、或 64% 杀毒矾可湿性粉剂 500 倍液、或 45% 咪鲜胺水乳剂 1 000 ～ 1 500 倍液，或 30% 苯醚甲环唑悬浮剂 1 500 ～ 2 000 倍液等。

（3）果实生长后期喷药。在田间生长后期喷施 1 ～ 2 次 50% 多菌灵 800 ～ 1 000 倍液，可减少贮运期间发病。

（4）入库前浸果处理。采收后，结合防治青、绿霉病，可用 45% 噻菌灵悬浮液 500 ～ 1 000 mg/L 药液等药剂浸果 3 ～ 5 min，等果面晾干后入库贮藏。

二十三、猕猴桃细菌性软腐病

猕猴桃细菌性软腐病是猕猴桃贮藏期的主要病害之一，主要发生于猕猴桃采收后的后熟期，常常造成贮藏果腐烂，发生烂库。冷库贮藏期必须做好防控，以减少库损。

（一）危害症状

猕猴桃细菌性软腐病发病初期，猕猴桃果实外观无明显症状，后被害果实局部变软，病部向四周扩展，导致猕猴桃果实褐色腐烂，果肉呈糊浆状软腐，失去食用价值。发病严重时，猕猴桃果实皮肉分离，果肉呈褐色、稀糊状，仅存果柱，甚至果柱也腐烂，流出浅黄褐色果汁，具发酵酒味和腐败味。

图 1-142　猕猴桃细菌性软腐病病果

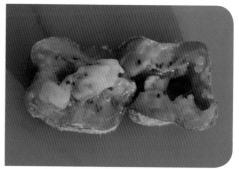

图 1-143　猕猴桃细菌性软腐病危害果肉呈糊浆状软腐

图 1-144　猕猴桃细菌性软腐病危害状

（二）病原菌

猕猴桃细菌性软腐病病原菌为欧文杆状细菌（*Erwinia* sp.）。该细菌的菌体短杆状，周生 2 ~ 8 根鞭毛，大小为（1.2 ~ 2.8）μm×（0.6 ~ 1.1）μm。在 PDA 培养基上菌落为圆形，灰白色，边缘清晰，稍具荧光。在细菌培养基上呈短链状生长，革兰氏染色阴性，不产生芽孢，无荚膜。

（三）发病规律

1. 病害循环规律

猕猴桃细菌性软腐病病菌主要从果实伤口侵入感染，果皮破口或果柄采收剪口处都是侵入途径。细菌进入果内之后，潜育繁殖，分泌果胶酶等溶解籽粒周围的果胶质和果肉，细胞解离崩溃，水分外渗，最后造成果实变软腐烂。常因伴随的杂菌分解蛋白胶产生吲哚而发生恶臭。

2. 影响发病的因素

果实伤口多发病重。果实受伤后容易造成细菌入侵，感染发病。果实果面、果柄等部位的伤口都是细菌入侵的场所，所以采收运输时果实碰伤、压伤、划伤等较多时，发病重。

（四）综合防控技术

1. 适期采收

选择晴天采果，避免在阴雨天或有露水的天气采收。

2. 科学采收

采收时要剪短手指甲，佩戴手套，注意轻摘轻放，减少碰撞。果实运输过程中要尽量小心，尽量避免破伤、划伤、压伤和碰伤等机械伤口。

3. 加强冷库管理

果实入库前严格做好冷库消毒工作。严格挑选无病虫果及无伤果入库贮藏。冷藏果贮藏至 30 d 和 60 d 时分别进行两次挑拣，挑出伤果、病果，剔除出冷库，集中进行深埋沤肥处理。

4. 药剂防控

（1）田间药剂防治。在果实采收前 2 周喷药进行预防。可以选用中生菌素或梧宁霉素 600 ～ 800 倍液，或噻霉酮、噻菌铜 500 ～ 800 倍液，或 20% 叶枯唑可湿性粉剂 800 ～ 1 000 倍液等喷雾进行防控。

（2）入库前药液浸果。对贮运果在采收当天进行药剂处理后再入箱。方法是用 2,4 - D 钠盐 200 mg/kg 加中生菌素 800 倍稀释液浸果 1 min 后取出晾干，单果或小袋包装后再入箱，最后入库贮藏。

二十四、猕猴桃青霉病

猕猴桃青霉病主要危害猕猴桃果实，是猕猴桃贮藏期果实的常发性病害之一。在猕猴桃贮藏期常常发病导致烂果，造成严重危害。

（一）危害症状

猕猴桃青霉病发病初期，猕猴桃果面出现水渍状圆形病斑，病部果皮变软，褐色软腐，扩展迅速，果皮容易破裂，病部先长出白色霉层，随着白色霉层向外扩展，变为青色霉层，病斑中间生出黑色粉状霉层。

图 1-145　猕猴桃青霉病病果

图 1-146　猕猴桃青霉病严重发病症状

图 1-147　猕猴桃青霉病菌

（二）病原菌

猕猴桃青霉病病原菌为包括意大利青霉（*Penicillium italicum* Wehmer）及扩展青霉（*Penicillium exponsum*），属于半知菌亚门丝孢纲壳霉目杯霉科意大利青霉属真菌。

1. 意大利青霉菌

分生孢子梗无色，具隔膜，顶端有 2～5 个分枝，呈帚状，孢梗大小为（40.6～349.5）μm×（3.5～5.6）μm，孢子小梗无色，单胞，尖端渐趋尖细，呈瓶状，大小为（8.4～15.4）μm×（4～5）μm。小梗上串生分生孢子；分生孢子单胞，无色，近球至卵圆形，近球形者居多，大小为（3.1～6.2）μm×（2.9～6）μm。

2. 扩展青霉菌

菌落呈小斑点状，草绿色，具放射状条纹；背面肉桂色，中央有红色的小点。分生孢子梗光滑，顶端 1～2 次帚状分枝，瓶状小梗细长，2～4 个轮生。分生孢子扁圆形或椭圆形，壁光滑，聚集成链为明显的分散柱状，呈青绿色，分生孢子很小，大小为（1.8～2.2）μm×（1.8～2.2）μm。

（三）发病规律

1. 病害循环规律

猕猴桃青霉病病菌为腐生菌，在死体组织上营腐生，产生分生孢子随雨水、气流传播，由伤口、气孔入侵果实。生产上主要由各类伤口入侵感染果实，贮运期间主要通过接触传播、振动传播。入库后常常在果实之间互相接触传染，造成大量贮藏果实发病。青霉菌生长温区为 3～32℃，以 18～26℃最适。果实腐烂产生大量二氧化碳，被空气中的水汽吸收产生稀碳酸而腐蚀果皮，并使果面 pH 呈酸性环境，促进病菌加速侵染，更导致大量烂果。

2. 影响发病的因素

（1）温湿度条件。低温高湿下发病。

（2）伤口多的果实发病重。从采收到搬运、分级、包装和贮藏的整个过程，机械损伤多的果实发病重。

（3）过熟或长时间贮藏的猕猴桃果实也易遭受扩展青霉菌浸染。

（四）综合防控技术

1. 科学采收，严防果实损伤

适时细致采收，避免雨后或有露水的情况下采果。避免产生伤口，从采收到搬运、分级、包装和贮藏的整个过程，均应避免机械损伤，特别不能将果柄留得过长和碰伤果皮，减少病菌入侵的伤口。

2. 严格消毒冷库，清除遗留病菌

贮藏库及果筐使用前严格消毒。贮果前用 4% 漂白粉的澄清液喷洒库壁和地面。也可用硫黄熏蒸消毒，每立方米 10 g，密闭熏蒸 24 h，排出残留气体后使用冷库。

3. 加强冷库管理

果实入库前严格剔除病虫果及伤果，挑选好果入库贮藏。冷藏至 30 d 和 60 d 时，分别进行两次挑拣，剔除伤果和病果。

4. 药剂防控

（1）田间药剂防治。在开花晚期和果实采收前 2 周喷药防治。可以选用 50% 多菌灵可湿性粉剂 800 倍液、或 50% 苯菌灵可湿性粉剂 1 500 倍液、或 70% 甲基硫菌灵可湿性粉剂 1 000 倍液、或 50% 咪鲜胺锰盐可湿性粉剂

1 000 ～ 1 500 倍液喷雾进行预防。

（2）采后入库前药液浸果。历年青霉病发生严重的冷库，果实采收预冷后及时用药浸果。药剂可选用 40% 双胍三辛烷基苯硫黄盐可湿性粉剂 1 000 ～ 2 000 倍液，或 50% 抑霉唑乳油 1 000 ～ 2 000 倍液，或 50% 咪鲜胺可湿性粉剂 1 000 ～ 2 000 倍液，或 45% 噻菌灵悬浮液 1 000 ～ 2 000 倍液同时加入 0.02% 2，4-D（二氯苯氧乙酸）浸果，有很好的防效。浸果时间约 1 min，捞出、晾干后入库贮藏。

非侵染性病害（生理性病害）

/// VI 生理性病害 ///

猕猴桃生产上常见的非侵染性病害，也称为生理性病害，主要包括气候天气等外界不良条件引起的病害和缺素症等。

二十五、猕猴桃日灼病

猕猴桃日灼病又称为猕猴桃日烧病，是猕猴桃生产上高温强光等气候因素造成的非侵染性病害，在我国猕猴桃产区都能造成危害，尤其在北方产区如陕西秦岭北麓猕猴桃主产区等猕猴桃夏季生长期造成严重危害。

（一）危害症状

猕猴桃日灼病可以危害猕猴桃果实和叶片。在猕猴桃生产上主要危害猕猴桃果实，特别是幼果期的猕猴桃果实受害严重。但条件恶劣也会导致叶片日灼。

1. 果实日灼

果实受害后，一般果实肩部皮色变深，皮下果肉呈褐色，停止发育，形成洼陷，常在果实向阳面形成不规则、略凹陷的红褐色日灼斑。表面粗糙质地似革质。有时病斑表面开裂，易发炭疽等病害。严重时，病斑中央木栓化，果肉干燥发僵，病部皮层硬化，甚至软腐溃烂。果面灼伤易形成次果，易落果。

图 1-148　猕猴桃日灼初期症状

图 1-149　猕猴桃日灼初期受害果实

图 1-150　猕猴桃日灼初期受害果实剖面

图 1-151　美味猕猴桃日灼受害状

图 1-152　红阳猕猴桃不同程度日灼受害状

图 1-153　软枣猕猴桃日灼病

图 1-154　猕猴桃日灼后期受害果实

图 1-155　猕猴桃日灼后期受害果实剖面

图 1-156　猕猴桃果实日灼病严重危害状　　图 1-157　猕猴桃果实日灼严重后大量落果

2.叶片日灼

高温、强光、干旱条件下，叶幕层薄的外围叶片受强烈光直射时，出现叶缘失绿、青干症状，叶缘卷曲，变干，后期出现大量落叶。

图 1-159　猕猴桃叶片日灼出现青干症状

图 1-158　猕猴桃叶片日灼症状　　　　图 1-160　猕猴桃叶片日灼危害成火烧状

（二）病因

猕猴桃日灼病的发病外因是高温、强光、干旱等不良气候，内因是猕猴桃叶片大，蒸腾系数大，蒸腾作用强。6月份幼果期开始果实进入生长高峰，猕猴桃叶片嫩、果皮薄，果实发育和新梢生长都要消耗大量的养分和水分，高温、强光、干旱条件会导致树体相对衰弱，抵抗力降低，叶片和果实易发生日灼。

同时果园管理不善如生产上修剪和负载不合理，果园叶幕层薄、叶果比不合理，果实裸露等也会加重日灼。

（三）发病规律

猕猴桃日灼病大多发生在夏季高温季节。在陕西秦岭北麓猕猴桃产区6～8月气候干燥，持续强烈日照、高温天气容易发生。特别是猕猴桃幼果期果实特别容易发生日灼病，一般生产上6～7月份是日灼病的发病高峰期。在果实生长后期的7～9月，叶幕层薄，叶片稀疏、果实裸露的果园发生严重。弱树、病树、超负荷挂果的树，挂果幼园比老果园发生严重。修剪过重，叶果比不合理，果实遮阴叶片少，果实裸露的果园易发日灼。灌溉设施不完善，土壤水分供应不足，土壤保水能力差的果园发病重。地面裸露，没有覆盖和生草的果园发病重。高温生长季节频繁旋耕除草等破坏根系的农事操作会加重日灼发生。

（四）综合防控技术

1. 加强果园科学管理，提高树体抗逆能力

夏季要强化果园规范管理，改善田间小生态，调控树体健壮生长，增强抗逆性，减轻危害损失。果园多施有机肥和生物肥料，改善土壤结构，增强土壤保水保肥能力，提高树体抗逆能力。合理科学修剪，保证良好的叶幕层，严格控制叶幕层系数在3～3.3。合理疏果，控制挂果量，使叶果比保持在（3～4）：1，使夏季生长阶段所有果实不外露，改善架面下通风条件。果园进入5～6月份以后，果园地面禁止进行旋耕除草和深翻开沟施肥等农事操作，防止破坏猕猴桃根系，影响水分供应。

2. 干旱时及时灌水或喷水，保持田间湿度

夏季高温季节果园干旱失水时及时灌水，但要避免中午高温时段浇水，避免果园土壤过干或过湿。有喷灌设施等条件的果园在高温强光季节及时进行喷水，隔几天喷1次水，降低果园温度。

3. 采取适宜的遮阳措施，避免遭遇强光

新建的幼园，可以在果园树行两边种植遮阴植物如玉米等遮阳，一般要求春季及时播种，到夏季高温来临时，玉米能长起来遮阳，不可种植过晚。成龄园，对于树势弱，架面没有布满，特别对于果园朝向西边的架面，夏季光照时间长，果实裸露的可以采取遮阳防晒措施。一般可以采取挂草遮挡或挂遮阳网等进行遮阳防日灼。

图 1-161　猕猴桃幼园行间种植玉米遮阳

图 1-162　猕猴桃果园栽植玉米等高杆作物遮阳或遮盖

图 1-163　猕猴桃果园裸露果实挂草遮阳

4. 果园覆盖或生草、留草，降低果园温度

夏季清耕裸露的地面容易发射强光加重架面日灼发生，所以夏季果园地面进行果园覆盖或生草、留草，可减少土壤水分蒸发，减少地面辐射，降低果园温度。果园覆盖可用麦糠或麦草覆盖果树行间。猕猴桃生产上提倡果园生草，可以种植白三叶或毛苕子等。如果没有进行果园生草，也可利用果园的杂草，一般进入 6 月份开始，选留果园生长的杂草，不进行除草、旋草等清耕操作，等草长到 40 ～ 50 cm 时割倒覆盖到地面。当然对于一些深根性的

图 1-164　猕猴桃果园生草减低果园温度

图 1-165　猕猴桃果园外围西向外露果实套袋

恶性杂草和高杆杂草如酸模、葎草等应该及时挖除。

5. 套袋

对于裸露的果实，可以从 6 月上旬幼果期对外围裸露幼果开始进行套袋，特别是猕猴桃果园西向外围的果实套袋，可以防止阳光直射，降低果面温度，防止日灼。套袋要选择通气孔大，质量好的纸袋。通气孔可略剪大以利通气，降低袋内温度。

6. 叶面喷施保护

在 6 ～ 7 月份高温季节即将来临之前，结合防治其他病害，可喷施液肥氨基酸 400 倍液，每隔 10 d 左右喷 1 次，连喷 2 ～ 3 次。或喷施抗旱调节剂黄腐酸，可根据树龄大小，每亩喷施 50 ～ 100 mL，既可降低果园温度，又可快速供给营养。未施膨大肥的猕猴桃园，要增施钾肥，可喷施 0.1% ～ 0.3% 磷酸二氢钾，连喷 2 ～ 3 次，能达到抗旱防日灼的效果。

二十六、猕猴桃裂果病

猕猴桃裂果病是猕猴桃果实生长期常见的果实生理性病害，在猕猴桃果实生长后期危害较重。

（一）危害症状

猕猴桃裂果病主要出现在果实膨大期，大多从果脐部出现裂口，可从果实侧面纵裂，也可从萼部或梗洼、萼洼向果实侧面延伸。多发生在果实上组织不大正常的部位如病斑、日灼处等。果实裂果后，裂口处易感染病原菌，造成果实腐烂等更大危害。

图 1-166 猕猴桃裂果初期症状

图 1-167 猕猴桃裂果症状

图1-168　猕猴桃裂果病树上
症状

图1-169　猕猴桃果实果脐处横向开裂

图1-170　中华猕猴桃裂果病

图1-171　美味猕猴桃裂果病

（二）发病原因

猕猴桃裂果病系生理病害，主要原因是生长季节水分供应失调，果实内外生长失调，果皮生长速度跟不上果肉的生长速度而造成裂果。

（三）发病规律

猕猴桃裂果病常发生于果实迅速膨大期。水分供应不匀，或天气干湿变化过大都会造成裂果。生长前期缺水影响幼果膨大，后期如遇连续降雨或大水漫灌，都会引起裂果。果实发育后期的土壤水分骤变，如成熟期遇到大雨，根系输送到果实的水分猛增，果肉细胞会快速膨大，而果皮多已老化，果皮细胞因角质层的限制而膨大慢，造成果肉胀破果皮。土壤长期干旱会严重阻碍钙元素的运输，导致缺钙的发生，从而影响细胞壁的韧性，引起裂果。

果实裂果的严重程度与气候、水分、温湿度及土壤等有关。天气干旱后突然下雨，极易发生裂果。土壤排水不良、严重板结、通透性差、土壤酸化的果园危害重。树势弱、光照差、通风不良及偏施氮肥的果园裂果严重；负载量大、叶果比小以及病虫危害重的果园裂果较为严重。

生产也发现有些品种容易发生裂果病，可能与品种特性有关。

（四）综合防控技术

1. 加强果园灌排水管理

做好水分管理，旱时及时灌溉，涝时及时排水，保持土壤水分均衡，避免果实快速吸水膨大造成裂果。遵循"小水勤浇"的原则，避免"忽涝忽旱"，使土壤墒情保持稳定，切忌持续干旱后大水漫灌。雨后及时排水。

2. 科学平衡施肥，改善土壤环境

合理配方施肥，不偏施氮肥，注重中、微量元素肥料的配合，改善土壤理化性质，增加土壤团粒结构，均衡和活化土壤中的养分。

3. 加强果园管理

合理负载，适时适度夏剪，保持通风透光条件。合理使用植物生长调节剂。果园生草覆盖疏松土壤，旱能提墒，涝能晾墒，调节土壤含水量。做好果实生长后期病虫害的防控工作。

4. 叶面喷施补钙

钙能使果实外表皮细胞增强韧性和细胞壁厚度。果实生长后期叶面喷施螯合钙或氯化钙等钙肥补钙，可以增加果皮韧度，使果肉细胞紧密结合，减轻裂果的发生。

5. 采取遮盖措施，避免果实吸收过多水分

雨量分布不均的果区，可以采取避雨栽培的措施有效减轻裂果发生。裂果发生普遍的果园，可采取果实套袋减轻裂果。

二十七、猕猴桃缺铁性黄化病

猕猴桃缺铁性黄化病是猕猴桃生产上常见的缺素症病害之一，一般土壤偏碱的果园发病严重。近几年来，随着化肥过量使用和土壤病虫害的危害，该病有了逐渐蔓延危害的趋势，局部地区的果园发病严重。

（一）危害症状

1. 叶片黄化

猕猴桃缺铁性黄化病危害的主要表现就是叶片黄化，但叶脉保持绿色。主要表现为嫩梢幼嫩叶片呈鲜黄色，叶脉两侧呈绿色脉带，嫩叶片叶脉间出现淡黄色或黄白色脉间失绿，从叶缘向主脉发展，而老叶却保持正常的绿色。

受害轻时叶缘褪绿；严重时先幼叶后老叶，新成熟的小叶变白，叶子边缘坏死，或者小叶黄化（仅叶脉绿色），叶子边缘和叶脉间变褐坏死，枝蔓全部叶片失绿黄化，甚至叶脉也失绿黄化或白化，叶片变薄易脱落。

2. 果实黄化

黄化树所产猕猴桃果实也黄化，果面黄化，切开果实，果肉白化，小而硬，单果重减小，失去食用价值。长时间发病还会引起整株树干枯死亡。

图 1-172　猕猴桃黄化病

图 1-173　软枣猕猴桃叶片黄化病

图 1-174　猕猴桃果园黄化病症状

图 1-175　猕猴桃黄化病后期叶片枯死

图 1-176　美味猕猴桃黄化病病果

图 1-177　红阳猕猴桃黄化病病果

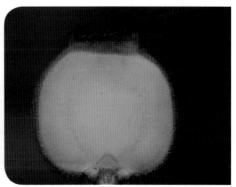

图 1-178　猕猴桃黄化病病果　　　　图 1-179　猕猴桃黄化病病果果肉黄化

（二）发病原因与发病规律

缺铁性黄化病的主要病因是植株体内铁元素含量不足。铁元素不足直接影响叶绿体构造组成和合成，出现黄化现象。一般叶片中每千克干物质含铁量小于 60 mg 时即出现缺铁症状。

生产上造成黄化病的原因主要有以下几个方面：

1. 土壤碱性强，pH 值过高

在北方石灰性土壤地区发病严重。果园土壤偏碱性，pH 过高，铁元素会被固定，植株不能吸收。猕猴桃自然分布在酸性、微酸性土壤地区，pH 多在 6.5 左右，根据各地栽培猕猴桃的结果情况，适宜的 pH 应该在 6.5～7.5，中性微酸。大于 7.5 偏碱性的土层中游离二价铁离子被氧化成三价铁离子而被土壤固定，处于被固定状态，不能被根系所吸收利用，加之猕猴桃根为肉质根，分布层相对较浅，易发生缺铁性黄化。北方石灰土壤中重碳酸根（HCO_3^-）含量高，影响铁的吸收、运输。

2. 施肥不合理，营养元素拮抗影响吸收

偏施氮肥，使土壤中多种微量元素如锌、锰、铜、镁等供应失调，元素间发生拮抗作用影响铁的吸收。

3. 土壤通气性不良，根系代谢紊乱影响吸收

土壤黏重、过干、过湿、大水漫灌、低洼地积水以及建园时苗木栽植过深等造成土壤透性气不良，引起树体生理代谢紊乱，影响铁的吸收，发生黄化。

4. 过量负载影响树体生长平衡，根系发育不良而影响吸收

果园结果量超载，导致大量的营养供给果实等生殖生长，根部由于营养不足影响吸收根的形成发育，从而影响铁的吸收。

5. 根部病虫危害影响根系吸收能力

根腐病、根结线虫病、蛴螬等病虫危害猕猴桃根系，严重影响根系的吸收能力，造成养分输送供应不足。

6. 栽植过深会加重黄化发生

猕猴桃栽植过深常常诱发黄化病，在偏碱性土壤中表现更明显。此外幼苗因根系浅，吸收能力差，也易发生黄化病。

（三）综合防控技术

1. 避免在盐碱地建园，适地栽培

建园时要选择土壤碱性较小，pH 宜在 6.5 ~ 7.5，土壤通透性较好，排水条件良好的地块。这种地块土壤中的有效铁含量较高，利于植株对铁的吸收和利用。避免在盐碱地等 pH 大于 7.5 的地块建园。如果 pH 过高，必须改土。建园栽植时，避免栽植过深。

2. 合理选栽适宜的品种

在 pH 较高的地区建园，要选栽一些耐黄化病能力较强的美味猕猴桃作砧木和耐黄化病能力强的品种。

3. 合理负载，保证根系健康生长

严防负载过量，严格控制产量，以保持健壮的树势。挂果量过大不但会使土壤中的矿质营养消耗过多而失去平衡，而且会导致树体的根冠比不协调，大量的营养被过多的果实吸收，转运到根系的养分减少，根系产生的新根就会减少，从而影响毛细根对铁等矿质营养的吸收。

4. 科学配方施肥，平衡施肥

要增施有机肥，施入农家有机肥被土壤中的微生物分解后会产生大量的腐殖酸而降低土壤的碱性，可以提高土壤中铁元素的有效性，农家肥还可以改善土壤的通透性，容易形成团粒结构，有利于新根的产生，增强铁的吸收。同时要配方施肥，避免偏施氮肥。生长前期化肥施用应以硫酸铵或尿素等铵态氮肥为主，少用硝态氮肥和碳酸氢铵。尽量少用偏碱性的肥料，如碳酸氢铵等。选用弱酸性、生理酸性肥料如硫酸铵、硝酸铵磷钾复合肥和硫酸钾等，或中性肥料如尿素、磷酸二铵等。

5. 改良碱性土壤，降低土壤 pH

碱性土壤可以通过土壤施用硫黄粉来降低土壤 pH 值，施用硫黄粉量要根据土壤 pH 来确定。具体计算方法可参考如下：pH 值 4.5 以上时，沙土每 100 m² 降低 0.1 个 pH 值单位，需施硫黄粉 0.367 kg；壤土每 100 m² 降低 0.1 个 pH 值单位，需施硫黄粉 1.222 kg。土壤质地不同施用硫黄粉数量不同，其他类型土壤可参照执行。硫黄粉与需要改良的土壤混拌均匀。施入硫黄粉改良土壤要在定植的前一年进行，当年的作用不明显。全园改良效果最好。为了降低成本，也可采取栽植沟改良或栽植穴改良。需注意的是硫黄粉降低土壤 pH 值是一个缓慢的生物过程，只有在细菌活跃、土壤温暖潮湿且土壤温度达到 13℃ 以上的状态下才能生效（30～40℃ 最活跃）。用硫黄粉改良土壤的最佳季节就是夏天。此外，不能过量灌水、不能水浸土壤，否则厌氧细菌会将硫黄转化成臭鸡蛋味氢化硫杀死所有植物根系。

生产中也可使用酒糟、醋糟等，或施用酸性肥料降低土壤 pH。

6. 增施铁肥

对于猕猴桃缺铁性黄化病有效的补施铁肥，可以明显缓解叶片黄化现象，促进叶片光合作用。增施铁肥有土壤补施和叶面喷施 2 种方法。

（1）土壤补施铁肥。土壤补充铁元素如硫酸亚铁或螯合铁等铁肥，应与腐熟有机肥及腐殖酸肥混合施用。在发生缺铁性黄化病的果园，每年秋季施基肥时，在有机肥中同时混合施入 4～6 kg/ 亩的硫酸亚铁，补充土壤中的有效铁含量。

（2）叶面喷施铁肥。猕猴桃生长季节，叶面喷施 0.1%～0.5% 硫酸亚铁水溶液或螯合性铁肥，及时给叶片补充铁元素，缓解叶片黄化，根据发病程度，10～15 d 喷 1 次，进行叶面喷施。

7. 及时防治根部病虫害

对于由于根腐病、根结线虫等病害导致的黄化病，及时采取措施对症防治，具体防治方法参见根腐病和根结线虫等的防治措施。

二十八、猕猴桃缺钙症

猕猴桃缺钙症是猕猴桃生产上常见的缺素症病害之一。一般南方酸性土壤容易发生缺钙症，除危害叶片外，果实缺钙容易发生裂果病，耐贮性变差。

（一）危害症状

1. 叶片发病

猕猴桃严重缺钙时，新成熟叶片基部叶脉色泽灰暗，发生坏死，俗称鸡爪状病。坏死斑扩大显现片状坏死斑，干枯破裂，甚至引起落叶和蔓梢坏死。老叶边缘上卷，被失绿组织包围的叶脉间坏死，受害枝条因生长点死亡引起侧芽萌发，丛生小的莲状叶。

2. 根系发病

缺钙时根系发育差，根尖容易死亡，产生根际病害。

3. 果实

果实缺钙容易出现裂果病，并且影响果实的贮藏性，不耐贮。

图1-180 猕猴桃缺钙症

（二）发病原因与发病规律

猕猴桃缺钙症发病原因是植株钙含量不足。一般叶片中钙占干物质含量低于0.2%时，就会出现缺钙症。土壤偏酸容易造成钙元素流失。土壤

图1-181 叶片缺钙引起叶脉坏死

中氮、钾、镁偏多时会抑制钙的吸收而出现缺钙。植株生长不均衡，旺长的会与果实竞争钙素的吸收而影响果实的发育。

（三）综合防控技术

1. 加强果园管理

合理配方施肥，防止土壤中氮、钾、镁偏多影响钙素吸收。科学修剪，合理负载，保证树体营养生长和生殖生长的平衡，控制枝条旺长。

2. 土壤增施钙素

酸性土壤上可土施石灰提高钙的含量，一般每亩用40～80 kg的生石灰或熟石灰较为适宜，质地较沙的土壤，石灰用量应适当减少，一般每亩施30～75 kg。中性、偏碱性土壤上，土施磷酸钙、硝酸钙，盛果期园参考用量为3.3～6.6 kg/亩。

3. 叶面喷钙肥补钙

在猕猴桃落花后和新梢旺长期（果实膨大期）喷施1%的过磷酸钙浸出液或0.3%～0.5%氯化钙或硝酸钙溶液，或喷施0.1%的螯合钙800～1 000倍液，每7～10 d喷1次，一般喷2～3次，补钙效果较好。

二十九、猕猴桃缺镁症

猕猴桃缺镁症是猕猴桃缺素症病害的一种，在猕猴桃果园比较常见。

（一）危害症状

猕猴桃缺镁时一般先从植株基部老叶发生，叶脉间出现浅绿色褪绿，大多从叶缘沿叶脉间向中脉扩展，常在主脉两侧留下较宽的绿色带状组织，叶脉间发展成黄化斑点，进而叶肉组织坏死，坏死组织离叶缘一定距离与叶缘平行呈"马蹄形"分布，仅留叶脉保持绿色，失绿组织与健康组织间界限明显。叶片基部多正常保持绿色。缺镁症状不出现在幼叶上，褪绿组织较少变褐坏死，有脉间不延续的坏死斑。缺镁发生时，生长初期症状不明显，进入果实膨大期后逐渐加重，坐果量多的植株较重，果实尚未成熟便出现大量黄叶，缺镁引起的黄叶一般不早落，但严重发生后期，叶片会干枯。

图 1-182 猕猴桃缺镁症初期症状

图 1-183 猕猴桃缺镁症　　　　图 1-184 猕猴桃缺镁症后期症状

（二）发病原因与发病规律

猕猴桃缺镁症发病原因是植株镁元素含量不足。镁是叶绿素的组成元素，缺乏时不能合成叶绿素，叶肉变黄。一般叶片中镁含量占干物质含量小于0.1%时，就会出现缺镁症状。主要是土壤中可供利用的可溶性镁不足，而可溶性镁不足是由于有机肥不足或质量差，造成土壤供镁不足。酸性土壤中 pH 值过低时易造成镁的流失，容易出现缺镁症。施钾过多也会影响镁的吸收，造成缺镁症。

（三）综合防控技术

1. 增施有机肥，合理配方施肥

增施优质有机肥，合理配方施肥，合理施用钾肥，改良土壤结构，增加土壤可溶性镁元素的含量。

2. 土壤施用镁肥

酸性土壤的果园要选择含镁量较高的有机肥或补施镁肥。果园土壤补施硫酸镁，盛果期园用量为 1.3～2 kg/亩。

3. 叶面喷施镁肥

可以选用 0.3%～0.5% 硫酸镁溶液进行叶面喷雾，14 d 喷 1 次，连喷 3～5 次。

三十、猕猴桃藤肿病

猕猴桃藤肿病是猕猴桃生产上主要危害猕猴桃枝蔓的一种缺硼症。在南方产区一般发病较重，影响猕猴桃正常生长。

（一）危害症状

猕猴桃藤肿病的典型症状就是猕猴桃的主、侧蔓的中段藤蔓突然增粗，呈上粗下细的畸形现象，有粗皮、裂皮。严重时，裂皮下的形成层褐变坏死，具发酵臭味。病树生长较弱，叶色泛黄，花果稀少，甚至引起死枝。

图 1-185　猕猴桃藤肿病病株　　图 1-186　猕猴桃藤肿病

（二）发病原因与发病规律

猕猴桃藤肿病属于缺素症，主要原因是树体和土壤缺硼。一般猕猴桃枝梢全硼含量低于 10 mg/kg、果园土壤速效硼含量低于 0.2 mg/kg 即可发病。果园土壤中一般磷肥不足时发病重。

（三）综合防控技术

1. 科学施肥，多施有机肥，增施磷肥

在硼元素缺乏的果园，要多施有机肥，合理增施磷肥，特别是秋季结合施有机基肥增施磷肥，利用磷硼互补的规律，保持土壤高磷中硼（速效磷含量 40 ～ 120 mg/kg，速效硼含量达 0.3 ～ 0.5 mg/kg）的比例。

2. 土壤补施硼肥

发病园，在 4 ～ 5 月猕猴桃萌芽至新梢抽生期间，地面补施硼砂，施用量每亩 0.5 ～ 1 kg，每隔 2 年施 1 次，使枝梢全硼含量达到 25 ～ 30 mg/kg，土壤速效硼含量提高到 0.3 ～ 0.5 mg/kg。

3. 叶面喷施硼肥

猕猴桃藤肿病发病果园，每年花期喷施 0.2% 硼砂液 1 ～ 2 次，既可给树体补充硼肥，又可促进授粉受精。

三十一、猕猴桃褐心病

猕猴桃褐心病是猕猴桃缺硼症在猕猴桃果实上的危害结果。

（一）危害症状

病果外观无光泽，红褐色；果内部靠近脐部的果心组织变褐坏死，严重的病果组织消解，形成褐色空洞，并有白色霜状物，但无腐烂变味现象。病果多数发育不良，形成小果、畸形果，大果亦有发生。树干发病出现粗皮、裂皮病、小叶、嫩茎脆化易断。

图 1-187 猕猴桃褐心病病果

（二）发病原因与发病规律

猕猴桃褐心病发病原因缺硼。病株叶片及土壤营养分析结果表明，其硼素含量严重缺乏，叶片硼含量为 1.4 ～ 5.9 mg/kg，土壤为 0.21 ～ 0.33 mg/kg。

（三）综合防控技术

可以参考猕猴桃藤肿病的防治措施。也可于花前、盛花期和幼果期分别用 0.1% 硼砂溶液进行叶面喷施，可取得显著矫治效果。

三十二、猕猴桃小叶病

猕猴桃小叶病是猕猴桃缺锌引起的一种缺素症。

（一）危害症状

猕猴桃缺锌时，新梢叶片簇生，嫩叶叶片变小，边缘上卷、脆硬，呈柳叶状，小叶窄小细长，出现小叶现象。老叶出现亮黄色，脉间失绿黄化显著，叶缘褪绿较明显，而叶脉保持绿色与脉间黄化对比明显，脉间黄化斑不坏死。还影响侧根的发育。

（二）发病原因与发病规律

猕猴桃健康正常叶片的锌含量，通常是 15 ～ 28 mg/kg 干物质。叶片中锌含量占干物质含量低于 12 mg/kg 时，就会出现缺锌症状。在酸性土壤中，有效态锌含量较多，一般缺锌多发生在 pH 6.5 以上的土壤上。土壤中磷素过多，妨碍猕猴桃对锌元素的吸收，施磷肥过多的果园常体现出缺锌。

图 1–188　猕猴桃小叶病

（三）综合防控技术

1. 土施锌肥

可采用土施的方法，早春萌芽前，每株施硫酸锌 1 ～ 1.5 kg。

2. 叶面喷锌

叶面喷施 0.2% ～ 0.3% 的硫酸锌溶液，在发病时喷施 2 ～ 3 次，每次间隔 7 d。

三十三、猕猴桃畸形果

猕猴桃畸形果在猕猴桃生产上较常见，该类果实由于畸形基本失去商品价值而成为次果，影响猕猴桃生产的经济效益。

（一）危害症状

猕猴桃畸形果主要发生于幼果期到膨大期。常见畸形果有扁形、凹形、歪形、果面有棱等各种形状，失去商品价值。

图 1-189　猕猴桃畸形果

图 1-190　猕猴桃正常果与畸形果对比

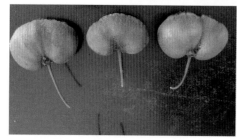

图 1-191　猕猴桃畸形果

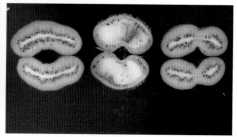

图 1-192　猕猴桃畸形果切开状

（二）发病原因与发病规律

引起猕猴桃果实畸形的原因多种多样，如品种差异、气候因素、管理不善及授粉不良等均能引起畸形果产生。

1. 授粉不良

这是猕猴桃生产中引起畸形果的主要原因，在发育过程中，由于授粉受精不完全，果实内形成的种子数少且分布不均匀，则易造成细胞分裂素在果实内的分布不均从而导致果实的畸形。

2. 品种差异

不同品种差异明显，有的品种畸果较多。

3. 气候因素

春季晚霜危害常常会造成花朵形成畸形而产生畸形果。

4. 管理不善

猕猴桃幼果期使用三唑类农药，常会造成畸形果。生长调节剂使用不当等也造成畸形果等。

（三）防治技术

猕猴桃畸形果的预防主要做好猕猴桃花期的充分授粉，做好果园的管理工作。

1. 做好猕猴桃花期的充分授粉工作

如果采用蜜蜂授粉为主，果园必须栽植足够的配套授粉雄株，保证花期有足够的花粉，同时要辅助人工机械授粉。如果采用人工授粉为主，同样果园要栽植配套的雄株，自采花粉进行授粉，或者购买花粉则必须保证花粉有强的授粉活性，才能保证授粉效果。严格按照猕猴桃授粉要求进行科学的授粉，保证猕猴桃充分授粉，可以减少畸形果的产生。

2. 加强果园科学管理

在猕猴桃幼果期禁止使用三唑类农药防治病害。科学使用植物生长调节剂等防止产生畸形果。

3. 及时疏除畸形花和果，减少畸形果率

在猕猴桃花蕾期及时疏除畸形花蕾和花朵，主要疏除花梗上两端的花蕾、侧花蕾、发育不正常的花蕾及过多、过密、过小的花蕾，减少养分消耗，留下发育正常的中心花。在果实生长期疏果时疏除畸形果，减少畸形果率，提高果实商品率。

三十四、猕猴桃空心果

（一）危害症状

猕猴桃果实外形膨大，果实切开后，果心形成一个大的空腔成为空心果。猕猴桃空心果一般在红阳等中华猕猴桃上发生比较普遍。

图 1-193 猕猴桃空心果

图 1-194　猕猴桃空心果切开状

（二）发病原因与发病规律

猕猴桃出现空心果的原因主要有以下几个因素：

1. 授粉不良

猕猴桃授粉不良时，果实形成的种子少而造成内源激素缺乏会影响果实果肉的发育，出现空心。

2. 膨大期持续高温干旱

在果实膨大期，细胞快速分裂生长的时候，遇持续高温干旱，水分跟不上果实细胞的快速分裂，也会造成空心。

3. 营养元素不足

猕猴桃空心果主要由于微量元素钙供应不足，果实快速膨大期缺钙，果实内部细胞结构不结实造成果实空心。

4. 滥用膨大剂

科学合理适量使用一般不会出现空心，但膨大剂使用过量，浓度过高，细胞的分裂膨胀速度加快，土壤中的养分供应得不到及时补充，就会出现空心果。

（三）防治技术

1. 加强果园科学管理

花期进行人工充分授粉，保证猕猴桃完全受精。做好水肥管理，特别是猕猴桃膨大期根据气候和土壤情况，高温干旱时及时灌溉，避免受旱。同时及时喷施叶面肥，补充钙肥等。

2. 科学合理使用膨大剂

提倡不用膨大剂，如果要用，必须科学合理适量使用。浓度不能过高，浸果时间不能过长。

三十五、猕猴桃污渍果

（一）危害症状

猕猴桃果实成熟采收后，猕猴桃果实果面不干净，常常出现各种疤痕、损害和污渍等，常常影响猕猴桃商品果的外观品相，增加次果率，降低果品价值，造成极大损失。

图 1-195　猕猴桃污渍果——风摩

图 1-196　猕猴桃污渍果——虫害　图 1-197　猕猴桃污渍果——药害　图1-198　猕猴桃污渍果——灰尘雨水

（二）发病原因与发病规律

猕猴桃生产上把所有表面出现各种损伤、刮碰及污染等的果实均归于猕猴桃污渍果一类。出现污渍果主要有几个因素：

1. 风摩

猕猴桃本身抗风能力差，易遭受风害，由于风害使猕猴桃果实与叶片（叶摩）、枝条、果实、架材等发生相互摩擦，造成猕猴桃果实果面组织出现损伤，猕猴桃果面出现各种损伤疤痕，形成大量疤痕果等次果。这种情况常常大量出现在猕猴桃幼果期。特别是果园所在地常常刮大风的，风摩危害严重。

2. 环境因素

猕猴桃栽植果园的环境条件差，比如尘土污染大等，也会造成猕猴桃果园常常沾染大量尘土等污染物，容易出现污渍果。

3. 果园生产管理不善

留果量过多，特别是相邻果等过多，果实之间相互摩擦造成疤痕。果园农事操作过勤，导致果实损伤形成伤痕。

4. 叶面肥和农药使用不当，果实受害出现污渍果

在猕猴桃幼果期，由于幼果果皮幼嫩，如果喷施农药或叶面肥浓度太大等，都会造成猕猴桃果实受害灼伤或污染等。

（三）防治技术

1. 合理选址

由于猕猴桃抗风能力差，易遭受风害，所以在猕猴桃栽植时，一定要选择背风向阳，不容易出现大风等的地方，特别不能在风口处栽植建园，避免遭受风害。同时考察建园周围的环境情况，建园周围应该没有排放灰尘和烟尘污染的工矿企业，灰尘较小或没有灰尘，以防以后污染果面。

2. 加强果园科学管理

合理疏果，避免留果量过多，特别是相邻果等过多。避免果园农事操作过勤，注意防止对叶、枝、果等造成损伤。

3. 合理安全使用叶面肥和农药

在猕猴桃生长季节，喷施叶面肥追肥和喷施农药防治病虫害时，要注意喷施的浓度和喷施时间，切忌浓度过大，要合理使用，防止造成果面污染和损失。

4. 做好果园防风

在一些风较大的果园，可以在猕猴桃果园周围栽植防风林来防止风害，也可建立人工风障，减少风害造成的疤痕污渍果。

三十六、猕猴桃肥害

（一）危害症状

猕猴桃生产上由于肥料使用不当，常常造成地下根部烧根，根部损伤等肥害症状。如果根系损伤不严重，常常造成植株生长不良，易成小老树；如果根系受损严重，变褐腐烂，则影响植株生长，造成植株死亡。也会造成植株花蕾和叶片灼伤、青干或造成架下叶片变成褐色，或造成果实灼伤等，最后大量落叶或落果现象。

图 1-199　猕猴桃肥害致树死亡　　　　图 1-200　猕猴桃施肥过近导致肥害

图 1-201　追施水溶肥撒到叶面烧叶　　图 1-202　夏季施氮肥氨气肥害

（二）发病原因与发病规律

猕猴桃生产上造成肥害的主要原因是肥料使用不当。

1. 施用生粪造成烧根

施用没有经过处理的猪粪、鸡粪、羊粪和牛粪等畜禽粪便，地温升高达到发酵条件时，在微生物的活动下开始发酵，消耗土壤氧气，若离根部较近，发酵产生的热量会影响作物生长导致烧苗，导致果树烂根，严重时导致植株死亡。同时在分解过程中产生甲烷、氨等有害气体，使土壤和作物产生酸害和根系损伤。还会传播生粪里寄生害虫的卵和病原微生物。

2. 追肥时尿素等肥料施用过多过近造成烧根

在对猕猴桃园进行尿素等追肥时，使用量过大，如果距离植株根系过近时，常常造成烧根烧苗。尤其是幼园，天气干旱追肥时，常常造成肥害。

3.喷施叶面肥浓度过大造成叶片或果实灼伤

夏季进行叶面追肥时，如果使用浓度过大，或在高温天气下喷施等，均会造成肥害，导致叶片或果实灼伤。

4.其他施肥措施不当

（三）预防技术

科学合理使用有机肥和化肥等，是防止猕猴桃生产中产生肥害的关键技术措施。

1.使用充分腐熟的畜禽粪便等有机肥料

对于猪粪、鸡粪、羊粪和牛粪等畜禽粪便等有机肥，在施用前，一定要进行充分发酵腐熟后再施用。切忌直接施用生粪。

2.合理使用尿素等化肥

使用尿素等化肥对猕猴桃园进行追肥时，一定要根据不同时期的追肥要求，合理使用。使用时要远离主干，同时干旱时，使用后要及时灌溉。

3.正确合理叶面喷肥

猕猴桃生长季节，根据猕猴桃的生长需要，可以及时通过叶面喷肥的方法给猕猴桃补充营养物质。必须根据肥料的种类、合理使用浓度进行喷施。切忌随意加大浓度和高温下喷雾，以防造成药害，灼伤叶片和果实。

三十七、猕猴桃除草剂药害

（一）危害症状

猕猴桃生产上出现的除草剂药害症状，一种属于误用引起的叶片受害枯死脱落，甚至导致植株死亡，这种药害症状比较好识别；另一种是果园周围施用除草剂飘移到猕猴桃园造成危害，一般不易识别，常常造成植株生长畸形，生长受阻等。

图1-203 喷施除草剂导致叶片灼伤

图 1-204　除草剂导致猕猴桃叶片畸形

（二）发病原因与发病规律

猕猴桃生产中发生除草剂药害主要有以下几个原因：

1. 误用

主要有误用除草剂和误用喷雾器械。一般最常见的是果农错把除草剂当成杀虫剂或杀菌剂使用造成药害。另一种是在生产中喷施杀虫剂或杀菌剂时使用了喷过除草剂未清洗干净的喷雾器造成药害。

2. 使用不当

在猕猴桃生产中禁止使用除草剂。但常常有果农使用除草剂控制果园杂草，大多选择使用灭生性除草剂，往往由于使用不当，如喷雾时没有使用定向喷雾装置，喷到植株上造成药害，或喷施时对猕猴桃主干没有采取保护措施，或施用浓度过大，或喷到猕猴桃植株上，常常造成药害。

3. 除草剂雾滴的挥发与飘移

这是猕猴桃果园发生除草剂药害常见的一种。在猕猴桃果园周围对其他

作物喷施除草剂时，由于部分除草剂挥发性强、飘移性严重、残留性高，在喷雾防治作物田杂草过程中，极易飘移到邻近的猕猴桃树上，造成药害。

（三）预防技术

除草剂带给作物的药害是不可逆的，严重时可导致作物死亡绝收，所以在猕猴桃生产上一般不建议使用除草剂，如果要使用控制杂草，必须要做好预防工作，一旦出现药害及时进行应急解救处理，减少损失。

1. 做好预防工作

（1）在猕猴桃生产中不建议使用，最好不用除草剂，以防对猕猴桃树造成损伤。

（2）如果要用，一定要科学合理使用。首先除草剂和喷施除草剂的器械一定要单独存放，防止误用，特别是喷施除草剂的喷雾器等器械一定要做好标记，只能用于喷施除草剂，严禁混用，防止喷施其他农药时由于清洗不干净而残留除草剂造成药害。使用时，一定要使用定向喷雾罩等防护装置，严格按照使用浓度使用，不能随意加大浓度。

（3）果园周围喷施除草剂，也要做好预防，比如喷施除草剂时要选择无风天气，使用定向防护罩等，防止除草剂挥发和飘移到猕猴桃园，造成药害危害。

2. 药害应急解救措施

（1）及时喷水，清除植株上的药剂。当猕猴桃的茎叶遭受除草剂药害时，可迅速用干净的喷雾器，对受害植株连续喷洒清水两三遍，以清除或减少作物上的药剂。对于遇到碱性物质易分解的除草剂药害，可在清水中加入 0.2% 的生石灰或碳酸钠，混合均匀后喷施，对清除和减轻药害效果很好。

（2）尽早足水浇灌。既可满足根系大量吸水，降低作物体内药物的浓度，而且还能有效排除土壤中除草剂的残留，起到较好的缓解作用。还可结合浇水追施速效化肥，促进作物快速生长，提高植株抵抗药害的能力。

（3）结合追肥浇水，适时中耕松土。可以增强土壤的透气性，利于微生物活动，降低药害，促进根系吸收水肥和作物恢复生长。

（4）喷施植物生长调节剂，促进其恢复生长。除草剂药害往往导致作物生长受阻，可以喷施叶面肥或生长调节剂恢复生长，如可以喷施 0.01% 芸苔素内酯可溶液剂 3 000 倍液，或喷施 0.3% 的磷酸二氢钾溶液等，促使植株恢复生长。

第二章
猕猴桃害虫的识别与防控

在猕猴桃生产中危害猕猴桃的害虫尽管危害种类较多，但与其他果树相比总体上危害不是很严重。然而随着近年来猕猴桃产业规模的扩大，猕猴桃的部分害虫危害有加重的趋势。常见的地下害虫中的金龟甲及其幼虫蛴螬分别对猕猴桃的叶部和根部的危害在局部果园危害严重；危害猕猴桃枝叶的叶蝉类害虫发生比较普遍，如大青叶蝉对幼园的危害严重，小绿叶蝉等对猕猴桃叶片的危害严重；刺吸式害虫斑衣蜡蝉和蝽象类害虫对猕猴桃的危害比较严重，特别是蝽象类害虫中的茶翅蝽对猕猴桃果实的危害有加重的趋势，直接影响猕猴桃果实的品质和经济效益，所以，必须引起足够的重视。其他害虫如小薪甲、叶螨、蚧壳虫和鳞翅目害虫斜纹夜蛾、柳蝙蝠蛾等在我国部分猕猴桃产区危害较重，各地应因地适宜科学防控。

║ 地下害虫 ║

一、东方蝼蛄

蝼蛄又名土狗，拉拉蛄，是一类重要的地下害虫，主要在苗圃和幼龄园危害为主。猕猴桃生产中常见的蝼蛄类害虫主要为东方蝼蛄（*Gryllotalpa orientalis* Burmeister）。

（一）危害症状

东方蝼蛄成虫、若虫均在土中活动，喜食刚发芽的种子，咬食嫩苗根部，根茎被害部呈乱麻状，对作物幼苗伤害极大。还可在苗床土表下潜行开掘形成隧道，使幼苗根部脱离土壤，失水枯死。

（二）形态识别

1. 成虫：体长 30 ～ 35 mm，灰褐色，全身密布细毛。头圆锥形，触角丝状。前胸背板卵圆形，中间具一暗红色长心脏形凹陷斑。前翅灰褐色，较短，仅达腹部中部。后翅扇形，较长，超过腹部末端。腹末具 1 对尾须。前足为开掘足，后足胫节背面内侧有 4 个距。

2. 卵：椭圆形。初产长约 2.8 mm，宽 1.5 mm，灰白色，有光泽，后逐渐变成黄褐色，孵化之前为暗紫色或暗褐色，长约 4 mm，宽 2.3 mm。

3. 若虫：8 ～ 9 个龄期。初孵若虫乳白色，体长约 4 mm，腹部大。2、3 龄以上若虫体色接近成虫，末龄若虫体长约 25 mm。

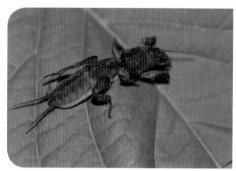
图 2-1　东方蝼蛄若虫

图 2-2　东方蝼蛄成虫

（三）生活史及习性

东方蝼蛄在陕西关中 1 ～ 2 年 1 代。通常栖息于地下，夜间和清晨在地表下活动。昼伏夜出，晚 9 ～ 11 时为活动取食高峰。东方蝼蛄喜欢潮湿，多集中在沿河两岸、池塘和沟渠附近产卵。气温在 5 ℃左右，蝼蛄开始上移，气温在 10 ℃以上时出土活动为害，当 20 cm 土温上升到 14.9 ～ 26.5 ℃时，是为害最严重时期。初孵若虫有群集性，孵化后 3 ～ 6 d 群集，以后分散为害。蝼蛄昼伏夜出，具有强烈的趋光性。蝼蛄对香、甜物质气味有趋性，特别嗜食煮至半熟的谷子、棉籽及炒香的豆饼，麦麸等。蝼蛄对马粪、有机肥等未腐烂有机物有趋性，在堆积马粪、粪坑及有机质丰富的地方蝼蛄就多。具趋湿性，有"蝼蛄跑湿不跑干"之说。

（四）防控技术

1. 农业防控。蝼蛄主要在土壤中产卵，秋冬季结合基肥施用，可以深翻土壤、精耕细作，破坏蝼蛄的产卵场所减轻危害。施肥时追施碳酸氢铵等化肥，其散出的氨气有一定驱避作用。秋冬季及时灌溉，可促使蝼蛄向上迁移。结冻前深翻，将翻到地表虫冻死或人工捕捉。

2. 利用趋性诱杀。

（1）蝼蛄对马粪、有机肥等未腐烂有机物有趋性，在田间挖 30 cm 见方，深约 20 cm 的坑，内堆湿润马粪并盖草，每天清晨捕杀蝼蛄。

（2）黑光灯诱杀成虫。蝼蛄具有强烈的趋光性，利用黑光灯，特别是在无月光的夜晚，可诱集大量东方蝼蛄，且雌性多于雄性。

（3）毒饵诱杀。蝼蛄对香、甜物质气味有趋化性，特别嗜食煮至半熟的谷子、棉籽及炒香的豆饼，麦麸等。将豆饼或麦麸 5 kg 炒香，再用 90% 晶体敌百虫 150 g 兑水将毒饵拌潮，每亩用毒饵 1.5 ～ 2.5 kg 撒在地里或苗床上。

3. 药剂防治。在蝼蛄为害严重的地块，每亩用 5% 辛硫磷颗粒剂 1 ～ 1.5 kg 与 15 ～ 30 kg 细土混匀后，撒于地面并耙耕，或于栽前沟施毒土。苗床受害重时，可用 50% 辛硫磷乳油 800 倍液灌洞杀灭害虫。

二、小地老虎

地老虎又名土蚕，切根虫，是一类重要的地下害虫，生产上常见种类较多，猕猴桃生产上常见的主要为小地老虎（*Agrotis ypsilon* Rottemberg）。

（一）危害症状

小地老虎又叫土蚕、黑地蚕、切根虫等，主要以幼虫危害猕猴桃幼苗，多从地面咬断嫩茎，常造成严重的缺苗断垄，甚至毁种。

（二）形态识别

1. 成虫：体长 21 ～ 23 mm，翅展 48 ～ 50 mm。头部与胸部褐色至黑灰色，雄蛾触角双栉形，栉齿短，下唇须斜向上伸，额光滑无突起，上缘有一黑条，头顶有黑斑，颈板基部色暗，基部与中部各有一黑色横线，下胸淡灰褐色，足外侧黑褐色，胫节及各跗节端部有灰白斑。腹部灰褐色，前翅棕褐色，前缘区色较黑，翅脉纹黑色，基线双线黑色，波浪形，线间色浅褐，自前缘达 1 脉，内线双线黑色，波浪形，在 1 脉后外突，剑纹小，暗褐色，黑边，环纹小，扁圆形，或外端呈尖齿形，暗灰色，黑边，肾纹暗灰色，黑边，中有一黑曲纹，中部外方有一楔形黑纹伸达外线，中线黑褐色，波浪形，外线双线黑色，锯齿形，齿尖在各翅脉上断为黑点，亚端线灰白，锯齿形，在 2 ～ 4 脉间呈深波浪形，内侧在 4～6 脉间有二楔形黑纹，内伸至外线，外侧有二黑点，外区前缘脉上有三个黄白点，端线为一列黑点，缘毛褐黄色，有一列暗点。后翅半透明白色，翅脉褐色，前缘、顶角及端线褐色。

2. 幼虫：头部暗褐色，侧面有黑褐斑纹，体黑褐色稍带黄色，密布黑色小圆突，腹部末端肛上板有一对明显黑纹，背线、亚背线及气门线均黑褐色，不很明显，气门长卵形，黑色。

3. 卵：扁圆形，花冠分 3 层，第 1 层菊花瓣形，第 2 层玫瑰花瓣形，第 3 层放射状菱形。

4. 蛹：黄褐至暗褐色，腹末稍延长，有一对较短的黑褐色粗刺。

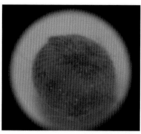

图 2-3　小地老虎老熟幼虫　　　图 2-4　小地老虎卵　　　图 2-5　小地老虎成虫

（三）生活史及习性

小地老虎在北方 1 年发生 4 代，无滞育现象，条件适宜可连续繁殖危害。越冬代成虫盛发期在 3 月上旬。4 月中、下旬为 2～3 龄幼虫盛期，5 月上、中旬为 5～6 龄幼虫盛期。3 龄以后的幼虫为害严重。成虫对黑光灯和酸甜味有较强趋性，喜产卵于高度 3 cm 以下的幼苗或刺儿菜等杂草上或地面土块上。幼虫有假死性，遇惊扰则缩成环状，白天潜伏于表土的干湿层之间，夜晚出土从地面将幼苗植株咬断危害。

（四）防控技术

1. 物理防治。主要利用糖醋液和黑光灯诱杀成虫，利用泡桐叶诱杀幼虫。

2. 毒饵诱杀。将 5 kg 饵料炒香，与 90% 晶体敌百虫 150 g 加水拌匀而成，每亩 1.5～2.5 kg 撒施。

3. 药剂防治。可用 2.5% 溴氰菊酯乳油 2 000 倍液，或 20% 氰戊菊酯乳油 1 500 倍液，或 2.5% 高效氯氰氟菊酯乳油 2 000 倍液喷施植株下部防治。也可用 50% 辛硫磷乳油 1 000 倍液，或 48% 毒死蜱乳油 1 000～1 500 倍液灌根。

三、蛴螬类（金龟子）

蛴螬类害虫是金龟甲的幼虫，主要以幼虫在土中危害猕猴桃根部。金龟甲也称为金龟子，其种类比较多，主要有华北大黑鳃金龟（*Holotrichia oblita* (Faldermann)）、铜绿丽金龟（*Anomala corpulenta* Motschulsky）、棕色鳃金龟（*Holotrichia titanis* Reiffe）、白星金龟和小青花金龟等（*Oxycetonia jucunda* Faldermann），不同猕猴桃地区危害的种类不同，陕西猕猴桃产区常见的危害种类主要为华北大黑鳃金龟、铜绿丽金龟、棕色鳃金龟等。

（一）危害症状

主要以幼虫和成虫为害猕猴桃。幼虫啃食猕猴桃的根皮和嫩根，影响水分和养分的吸收运输，造成植株早衰，叶片发黄、早落。成虫于猕猴桃萌芽期、花蕾期和生长季节，取食猕猴桃的芽、叶、花、蕾、幼果及嫩梢，危害的症状为不规则缺刻和孔洞。由于金龟甲危害主要在黄昏傍晚，白天常常可以见到危害状，见不到害虫。

图 2-6 金龟甲成虫危害猕猴桃叶片

（二）形态识别

金龟甲属于鞘翅目鳃金龟科昆虫，其发育属于完全变态，有成虫、卵、幼虫和蛹四个虫态，幼虫俗称蛴螬，体乳白色，体常弯曲呈马蹄形，背上多横皱纹，尾部有刺毛，生活于土中。成虫即金龟甲或金龟子。常见几种金龟甲形态识别如下：

1. 华北大黑鳃金龟

（1）成虫：长椭圆形，体长 21 ~ 23 mm、宽 11 ~ 12 mm，黑色或黑褐色有光泽。胸、腹部生有黄色长毛，臀板端明显向后突起，顶端尖画，前胸

背板宽为长的两倍，前缘钝角、后缘角几乎成直角。每鞘翅 3 条隆线。雄虫末节腹面中央凹陷、雌虫隆起。雌性腹部末节中部肛门附近呈新月形，凹处较浅，后足胫节内侧端距大而宽。

（2）卵：椭圆形，乳白色。

（3）幼虫：体长 35 ～ 45 mm，肛孔 3 射裂缝状，前方着生一群扁而尖端成钩状的刚毛，并向前延伸到肛腹片后部 1/3 处。

（4）蛹：预蛹体表皱缩无光泽。蛹黄白色，椭圆形，尾节具突起 1 对。

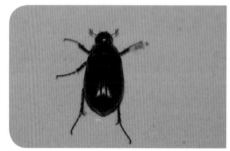

图 2-7　华北大黑鳃金龟　　　　图 2-8　华北大黑鳃金龟幼虫（蛴螬）

2. 铜绿丽金龟

（1）成虫：体长 19 ～ 21 mm，宽 8 ～ 11.3 mm，体背铜绿色有金属光泽。复眼黑色；唇基褐绿色且前缘上卷；前胸背板及鞘翅侧缘黄褐色或褐色；触角 9 节；有膜状缘的前胸背板，前缘弧状内弯，侧、后缘弧形外弯，前角锐后角钝，密布刻点。鞘翅黄铜绿色且纵隆脊略见，合缝隆明显。雄虫腹面棕黄色，密生细毛，雌虫腹面乳白色且末节横带棕黄色；臀板黑斑近三角形；足黄褐色，胫、跗节深褐色，前足胫节外侧 2 齿、内侧 1 棘刺。初羽化成虫前翅淡白色，后逐渐变化。

（2）卵：长 1.65 ～ 1.94 mm，白色，初产时长椭圆形，后逐渐膨大近球形，卵壳光滑。

（3）幼虫：3 龄幼虫体长 29 ～ 33 mm，暗黄色。头部近圆形，头部前顶毛排各 8 根，后顶毛 10 ～ 14 根，额中侧毛列各 2 ～ 4 根。腹部末端两节自背面观为泥褐色且带有微蓝色。臀腹面具刺毛列多由 13 ～ 14 根长锥刺组成，肛门孔横裂状。

图 2-9　铜绿丽金龟成虫危害叶片　　图 2-10　铜绿丽金龟成虫

图 2-11　铜绿丽金龟成虫交配　　　　图 2-12　铜绿丽金龟的卵

（4）蛹：长约 18 mm，略呈扁椭圆形，黄色。腹部背面有 6 对发音器。雌蛹末节腹面平坦有 1 皱纹。羽化前，前胸背板、翅芽、足变绿。

3. 棕色鳃金龟

（1）成虫：体长 21.2 ～ 25.4 mm，宽 11 ～ 14 mm，茶褐色，略显丝绒状闪光，腹面光亮。头小，唇基短宽。前缘中央凹缺，密布刻点。触角鳃叶状，10 节，鳃叶部特阔。鞘翅长而薄，纵隆线 4 条，肩瘤显著。前胸背板、鞘翅均密布刻点。前胸背中央具一光滑纵隆线，小盾片三角形，光滑或具少数刻点。胸腹面具黄内色长毛，足棕褐具光泽。

图 2-13　棕色鳃金龟成虫

（2）卵：初产乳白色卵圆形，后呈球形。长 2.8 ～ 4.5 mm，宽 2.0 ～ 2.2 mm。

（3）幼虫：老熟体长 45 ～ 55 mm，头宽约 6.1 mm。头部前顶刚毛每侧 2 根（冠缝侧 1 根，额缝上侧 1 根）。头部前顶刚毛每侧 1 至 2 根，绝大多数仅 1 根。头部前顶刚毛每侧 1 至 2 根，绝大多数仅 1 根。刺肛门孔三裂。

（4）蛹：黄白色，体长 23.5 ～ 25.5 mm，宽 12.5 ～ 14.5 mm，腹末端具 2 尾刺，刺端黑色，蛹背中央自胸部至腹末具一较体色为深的纵隆线。

（三）生活史及习性

金龟甲多为 1 年 1 代，少数 2 年 1 代。1 年 1 代的以幼虫入土越冬，2 年 1 代的以幼、成虫交替入土越冬。一般春末夏初出土为害地上部，此时为防治的最佳时机。成虫多在夜间活动，白天潜伏，黄昏出土活动、危害，成虫一般雄大雌小，交尾后仍取食，午夜以后逐渐潜返土中。成虫羽化出土迟早与 5、6 月间温湿度的变化有密切关系，雨量充沛则出土早，盛发期提前。成虫食性杂，食量大，具假死性、趋光性和趋粪性，具一生多次交尾习性，入土产卵，田间主要散产于寄主根际附近 5～6 cm 的土层内，7～8 月幼虫孵化，在地下为害猕猴桃根系。成虫喜欢将卵产于畜禽粪便为主的农家肥中，便于幼虫孵化后以粪便为食。冬天来临前，以 2、3 龄幼虫或成虫状态，潜入深土层，营造球形土窝越冬。美味猕猴桃品种秦美等叶片有毛，金龟子不喜食，受害较轻，中华系猕猴桃危害较重。

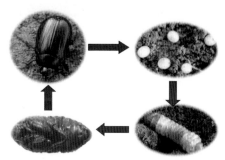

图 2-14　大黑鳃金龟生活史

图 2-15　金龟甲在土中越冬

（四）防控技术

1. 农业防治。由于金龟甲具有趋粪性，生产上大多因施用了未经充分腐熟的有机肥（尤其是畜禽粪便）导致果园危害严重，所以施用农家肥时一定要充分腐熟后再施用，不施未腐熟的有机肥料，这是防控的关键。精耕细作，及时镇压土壤，清除田间杂草。结合秋施基肥浅翻，并跟犁拾虫等。

2. 人工捕杀成虫。由于金龟甲成虫的假死性，可以在其集中为害的萌芽展叶期，于傍晚时分，树下铺好塑料布，人工振动树干，收集掉落的金龟甲，集中人工捕杀。

3. 利用趋性诱杀。利用金龟子成虫的趋光性，在其集中为害期，于晚间用黑光灯、频振式杀虫灯等诱杀。利用某些金龟子成虫对糖醋液的趋化性，在其活动盛期，放置糖醋液诱杀，糖醋液配方：红糖 1 份，醋 2 份，白酒 0.4 份，敌百虫 0.1 份，水 10 份。

4. 生物防治。在蛴螬或金龟子进入深土层之前，或越冬后上升到表土时，中耕圃地和果园，在翻耕的同时，放鸡吃虫。

5. 药剂防治：

（1）药剂处理土壤。用 50% 辛硫磷乳油每亩 200～250 g，加水 10 倍喷于 25～30 kg 细土上拌匀制成毒土，顺垄条施，随即浅锄，或将该毒土撒于种沟或地面，随即耕翻或混入厩肥中施用；用5%辛硫磷颗粒剂，每亩2.5～3 kg处理土壤。

（2）毒饵诱杀。每亩地用25%辛硫磷胶囊剂150～200 g拌谷子等饵料5 kg，或50%辛硫磷乳油50～100 g拌饵料3～4 kg，撒于种沟中，亦可收到良好防治效果。

（3）花前2～3 d的花蕾期里，用90%晶体敌百虫1 000倍液，或40%辛硫磷乳油1 500倍液或48%毒死蜱乳油1 500倍液喷杀成虫。或用2.5%溴氰菊酯乳油2 000倍液，或2.5%高效氯氟氰菊酯乳油2 000～3 000倍液喷雾防治。

///‖枝叶果害虫‖///

四、蝽象类

蝽类害虫俗称臭板虫等，属半翅目蝽科昆虫，是猕猴桃生产上的重要害虫，体有臭腺，能放出刺鼻臭味。以刺吸式口器吸食植株汁液危害，可以危害猕猴桃的叶片、花、枝条和果实等，但在猕猴桃生产上危害果实造成的危害损失最为严重。蝽象类害虫是一类多食性害虫，危害的作物较多，在果树上主要危害梨、苹果等，随着猕猴桃栽培面积的扩大，蝽象类害虫对猕猴桃的危害逐渐加重，成为猕猴桃生产上的重要果实害虫。目前在意大利和我国猕猴桃产区危害严重，新西兰猕猴桃产区尚未发现，是该国严防死守的检疫性害虫。在猕猴桃生产上必须重视蝽象类害虫的防控。

生产上危害猕猴桃的蝽类害虫主要有茶翅蝽（*Halyomorpha halys*）、麻皮蝽 [*Erthesina fullo* (Thunberg)]、斑须蝽（*Dolycoris baccarum*）、广二星蝽 [*Stollia ventralis*（Westwood）]、小长蝽 [*Nysius ericae*（Schilling）] 等。在猕猴桃生产上危害普遍的主要为前三种，其中以茶翅蝽危害最为严重。

（一）危害症状

蝽象类害虫以若虫和成虫主要在猕猴桃的叶、花、蕾、果实和嫩梢上以刺吸式口器吸食汁液为害。叶片被害后，叶片出现失绿小白斑而变色；幼果受害后局部停止成长形成疤痕，造成果行不正，畸形果增多，危害严重时幼果脱落。成熟期果实被刺吸危害后，果面刺吸点流出果汁液，但随后风干消失，从果实外观上看不出变化；随果实发育，被刺吸危害的果肉部分出现木质化变硬，切开果实后果肉中出现纤维状白斑，直接影响猕猴桃果实的品质，失掉商品价值。如果果实危害严重，成熟期出现大量落果现象。果实被刺吸危害处常常感染病害，引起果实病害，加重危害。被害果实刺吸受伤后容易产生乙烯加速果实后熟，入库后耐贮性降低，贮藏期和货架期降低。特别是后熟软化后的果实食用时，果肉出现白色硬斑，直接影响果实的食用价值。

图 2-16　茶翅蝽若虫危害叶片

图 2-17　茶翅蝽成虫危害叶片

图 2-18　茶翅蝽若虫群聚刺吸猕猴桃果实

图 2-19　茶翅蝽成虫和若虫刺吸危害猕猴桃果实

图 2-20　茶翅蝽成虫刺吸危害猕猴桃果实

图 2-21　茶翅蝽危害中华猕猴桃果实

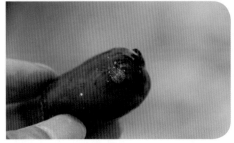

图 2-22　茶翅蝽若虫危害紫果猕猴桃果实

图 2-23　蝽象危害果实后果肉症状（切开）

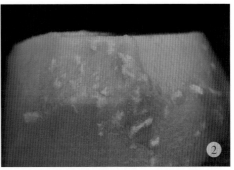

图 2-24　茶翅蝽危害后果肉出现纤维状白斑

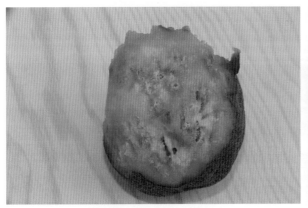

图 2-25　茶翅蝽危害后果肉出现纤维状木栓化白斑　　图 2-26　茶翅蝽严重危害造成大量落果

（二）形态识别

蝽象类害虫属于半翅目害虫，其发育属于不完全变态，有成虫、卵和若虫三个虫态。猕猴桃果园常见的蝽象类害虫的形态识别如下。

1. 茶翅蝽

茶翅蝽别名茶翅蝽象、臭木蝽象、臭木蝽、茶色蝽，俗称臭大姐、臭斑蝽。

（1）成虫：体长 12～16 mm，宽 6.5～9.0 mm，扁椭圆形。不同个体体色差异较大，茶褐色、淡褐色，或灰褐色略带红色，具有黄色的深刻点，或金绿色闪光的刻点，或体略具紫绿色光泽。前胸背板、小盾片和前翅革质部均有黑褐色刻点，前胸背板前缘有 4 个黄褐色小点横列，呈一横列排列，小盾片基部有 5 个小黄点横列，其中位于两端角处的 2 个较大。两侧斑点明显。复眼球形、黑色，触角 5 节，并且最末 2 节有 2 条白带将黑色的触角分割为黑白相间，足亦是黑白相间。

（2）卵：短圆筒状或柱状，高约 1 mm，直径 0.7 mm 左右，形似茶杯，周缘环生短小刺毛，初为灰白色，孵化前呈黑褐色。卵常平行排列成块状。

（3）若虫：分5龄，1龄体长约为4 mm，近圆形，淡黄色，头部黑色。2龄体长约5 mm左右，体色淡褐，头部为黑褐色，腹背面出现2个臭腺孔。

3龄体长约8 mm左右，棕褐色。4龄体长约为11 mm，茶褐色，翅芽达到腹部第3节。5龄体长约为12 mm，腹部呈茶褐色。老熟若虫与成虫相似，无翅。前胸背板两侧有刺突，腹部淡橙黄色，各腹节两侧节间各有一长方形黑斑，共8对。

图2-27 茶翅蝽卵壳与低龄若虫

图2-28 茶翅蝽高龄若虫

图2-29 茶翅蝽成虫

2. 斑须蝽

（1）成虫：雌虫体长11.2～12.5 mm，雄虫9.9～10.6 mm，宽约6 mm，椭圆形，黄褐或紫色，密被白绒毛和黑色小刻点；触角5节，黑色，第一节短而粗，第2～5节基部黄白色，形成黄黑相间的"斑须"。小盾片三角形，末端钝而光滑，鲜明的淡黄色，为该虫的显著特征。前翅革质部淡红褐至红褐色，膜质部透明，黄褐色，超过腹部末端。胸腹部的腹面淡褐色，散布零星小黑点。足黄褐色，腿节和胫节密布黑色刻点。

（2）卵：长圆筒形，初产为黄白色，孵化前为橘黄色，眼点红色，有圆盖。卵壳有网纹，生白色短绒毛。卵排列整齐，聚集成块，平均16粒。

（3）若虫：形态和色泽与成虫相似，略圆，共5龄。体暗灰褐或黄褐色，全身被有白色绒毛和刻点。触角4节，黑色，节间黄白色，腹部黄色，背面中央自第2节向后均有一黑色纵斑，各节侧缘均有一黑斑。若虫腹部每节背面中央和两侧都有黑色斑。

图 2-30 斑须蝽若虫　　　　　　　　　图 2-31 斑须蝽成虫

3. 麻皮蝽

（1）成虫：体长 18 ～ 25.0 mm，宽 8 ～ 11.5 mm。体型稍宽大，黑褐密布黑色刻点及细碎不规则黄斑。头部狭长，侧叶与中叶末端约等长，侧叶末端狭尖。触角 5 节黑色，第 1 节短而粗大，第 5 节基部 1/3 为浅黄色。喙浅黄4 节，末节黑色，达第 3 腹节后缘。头部前端至小盾片有 1 条黄色细中纵线。前胸背板前缘及前侧缘具黄色窄边。胸部腹板黄白色，密布黑色刻点。各腿节基部 2/3 浅黄，两侧及端部黑褐，各胫节黑色，中段具淡绿色环斑，腹部侧接缘，各节中间具小黄斑，腹面黄白，节间黑色，两侧散生黑色刻点，气门黑色，腹面中央具一纵沟，长达第 5 腹节。

（2）卵：灰白色，块生，近鼓状，顶端有盖，周缘具刺毛。不规则块状，数粒或数十粒粘在一起。

（3）若虫：各龄均呈扁洋梨形，前尖削后浑圆，初龄时胸腹部有许多红、黄、黑相间的横纹，老熟时似成虫，体长约 19 mm，体红褐色或黑褐色，自头端至小盾片具一黄红色细中纵线。体侧缘具淡黄狭边。腹部 3 ～ 6 节的节间中央各具1块黑褐色隆起斑，斑块周缘淡黄色，上具橙黄或红色臭腺孔各1对。腹侧缘各节有一黑褐色斑。喙黑褐伸达第 3 腹节后缘。

图 2-32 麻皮蝽若虫　　　　　　　　　图 2-33 麻皮蝽成虫

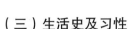

（三）生活史及习性

蝽类属于半翅目害虫，成虫有翅，会迁飞。多以成虫在建筑物、老树皮、杂草、残枝蔓、落叶和土壤缝隙里越冬。次年春天寄主萌芽后开始出蛰活动为害。

斑须蝽黄河流域1年发生3代，长江流域一年发生3～4代，陕西关中地区4月初越冬成虫开始活动，5月上旬至6月上旬、6月中旬至7月中旬、8月上旬至9月中旬分别为第1～3代若虫盛发期。

麻皮蝽1年发生2代，3～4月出蛰，5～6月产卵，6月下旬～8月中旬为第1代成虫盛发期，8月～10月第2代成虫盛发后进入越冬。

茶翅蝽北方1年发生1代，南方2代。北方1代区4月底5月初越冬成虫开始活动，5月上旬陆续出蛰活动，6月上旬至8月产卵，多产于叶背，块产，每块20～30粒，卵期10～15 d，7月上旬孵化出现若虫，初孵时群集为害，后逐渐分散，8月中旬开始陆续老熟羽化为成虫，成虫为害至9月寻找适当场所越冬。南方2代区3月下旬开始活动，4月上中旬开始产卵，第1代若虫于4月底至6月中旬孵出，6月中旬至8月上旬羽化，7月上旬至9月中旬产卵；第2代于7月中旬至9月下旬孵化，9月上旬至10月中旬羽化，11月中旬以后陆续越冬。成虫日间活动，飞翔力较强，常随时转换寄主危害，卵多块生于叶背，刚产下的卵为淡黄白色，逐渐变深色，常20～30粒平行排列，即将孵化时卵壳上方出现黑色的三角口。初孵若虫均头向里、尾向外围绕卵壳整齐排一圈群集危害，2龄后逐渐分散危害，受到干扰或惊吓后若虫和成虫均有假死性，并且喷出难闻的气味。

成虫飞翔力强，喜于树体上部栖息危害，交配多在上午。具假死性，受惊扰时均分泌臭液，但早晚低温时常假死坠地，正午高温时则逃飞。猕猴桃成熟期，成虫和若虫均喜食猕猴桃果实，对猕猴桃果实危害严重，可能与成熟期猕猴桃散发的果实成熟气味的吸引有关。

（四）防控技术

对于猕猴桃茶翅蝽等蝽象类害虫的防控要采取综合措施进行防控，冬季越冬期做好越冬成虫的防控，生长期采取人工摘除卵块、人工捕杀、灯光诱杀、趋性诱杀和及时进行药剂防治等多种防控技术，才能有效控制危害。

1.冬季清园，减少越冬虫量。冬季清除枯枝蔓、落叶和杂草，刮除粗皮、翘皮，集中进行沤肥或焚烧，以消灭越冬成虫。同时在果园周围温暖的地方如看护房、墙缝等处，检查消灭越冬成虫。

2. 人工捕杀。由于茶翅蝽发生期不整齐，药剂防治比较困难，因而人工捕捉成虫和收集卵块是一种较好的防治措施。早春季节，可采取堵树洞、刮老翘树皮等措施消灭越冬成虫。4～6月，人工及时摘除有卵块和初孵化尚未分散的若虫的叶片，并集中销毁。利用成虫的假死性在其活动盛期在早晚进行人工捕杀；秋季（9月份）可在傍晚时分捕杀屋舍向阳墙面上准备越冬的成虫；9月中下旬，可在果园内或果园附近的树上、墙上等处挂瓦楞纸箱、编织袋等折叠物，诱集成虫在其内越冬，然后集中烧毁。

3. 诱杀。

（1）利用成虫趋化性诱杀。同时还可防治具趋化性的其他害虫如金龟子类等。利用茶翅蝽喜食甜食的特点，可配制毒饵诱杀。具体方法：取蜂蜜20份、敌百虫1份、水20份混合制成毒饵，涂抹在粘虫板上，诱杀效果较好。

图2-34 粘虫板诱杀

（2）利用成虫趋光性灯光诱杀。在蝽象类害虫活动盛期及时打开杀虫灯，灯光诱杀其成虫。

（3）利用茶翅蝽聚集信息素诱杀。研究发现茶翅蝽对其聚集信息素具有较强的趋性，可以在猕猴桃果园周围放置茶翅蝽聚集信息素诱集装置诱杀其成虫。需要注意的是，采用这类聚集信息素诱集，常常会加重放置点周围果实的危害而出现落果现象，所以放置诱集的地点可以在果园外边，没有果树的地方，同时及时防控诱集点周围果树的蝽象，防止加重危害造成落果。

4. 生物防治。保护或释放天敌。蝽象类害虫的天敌如蝽象黑卵蜂、平腹小蜂、沟卵蜂、稻蝽小黑蜂等寄生性天敌对茶翅蝽的卵具有寄生作用，可以在茶翅蝽产卵期在猕猴桃园挂放寄生蜂卵

图2-35 释放卵寄生蜂防控

块，同时在寄生蜂成虫羽化和产卵期，应避免使用触杀性杀虫剂。蜘蛛也是蝽象类害虫的主要天敌，要加以保护利用。

5. 人工套袋保护。套袋是减少茶翅蝽对果实危害的有效措施之一。受害严重的果园，在产卵和为害前进行果实套袋。选用大型果袋，使果实在袋中悬空生长，果与袋之间要有 2 cm 的空隙，以防茶翅蝽隔袋危害。

6. 药剂防治。防治的关键期为越冬成虫出蛰期和各代初龄若虫发生期，特别是第 1 代初龄若虫发生期。6 月上、中旬，茶翅蝽正处在产卵前期，是防治的关键时期。若虫盛发期，可选用 25% 灭幼脲 3 号 2 000 倍液、90% 晶体敌百虫 1 000 倍液，或 40% 辛硫磷乳油 1 500 倍液，或 2.5% 溴氰菊酯乳油 2 000 倍液，或 2.5% 高效氯氟氰菊酯乳油 2 000 ～ 3 000 倍液，或 10% 高效氯氰菊酯乳油 2 000 倍液，或 10% 吡虫啉可湿性粉剂 1 000 ～ 1 500 倍液，或 48% 毒死蜱乳油 1 500 倍液全园喷雾防治。5 月上旬对果园外围树木喷药封锁，阻止成虫迁飞入园产卵。9 月果树成熟期对果园外围喷药保护，防治茶翅蝽等成虫迁入果园危害果实。喷雾时间最好在蝽象不喜活动的清晨进行防治。

五、叶蝉类

叶蝉是同翅目叶蝉科昆虫的通称，因大多危害植物叶片而得名，主要以刺吸式口器危害植物，吸食汁液。猕猴桃生产上常见危害猕猴桃的叶蝉类害虫有大青叶蝉（*Cicadella viridis*）、小绿叶蝉（*Empoasca flavescens*）、黑尾叶蝉 [*Nephotettix bipunctatus* （Fabricius）]、桃一点斑叶蝉 [*Erythroneura sudra*（Distant）] 等。

（一）危害症状

叶蝉类害虫主要以刺吸式口器危害猕猴桃叶片和以产卵器危害猕猴桃茎干。叶蝉类害虫以成虫和若虫刺吸猕猴桃叶片汁液。叶片被害后出现淡白点，而后点连成片，直至全叶苍白枯死，或使叶片呈现枯焦斑点和斑块造成早期落叶。大青叶蝉的雌虫用产卵器刺入茎干部组织里产卵，导致刺伤枝条表皮，使枝条叶片枯萎，枝条失水，常引起冬、春抽条和幼树枯死，春季卵孵化出若虫，造成茎干伤痕累累。苗圃繁育的苗木和幼园的幼树受害较重。或产卵于叶背主脉中，幼虫孵出留下一条褐色缝隙，虫口基数大时，叶背伤痕累累。

图 2-36 叶蝉危害叶片状

图 2-37 叶蝉严重危害叶片状　　图 2-38 小绿叶蝉危害果实　　图 2-39 大青叶蝉危害主干

（二）形态识别

叶蝉类害虫属于小型善跳的昆虫，其发育属于不完全变态，有成虫、卵和若虫三个虫态。大多单眼 2 个，少数种类无单眼。后足胫节有棱脊，棱脊上有 3 ～ 4 列刺状毛。后足胫节刺毛列是叶蝉科的最显著的识别特征。猕猴桃上常见几种叶蝉类害虫的形态识别如下。

1. 小绿叶蝉

小绿叶蝉又名桃小绿叶蝉、桃小浮尘子等。

（1）成虫：体长 3 ～ 4 mm，黄绿至绿色，复眼灰褐至深褐色，无单眼，触角刚毛状，末端黑色。前胸背板、小盾片浅鲜绿色，常具白色斑点。前翅半透明，略呈革质，淡黄白色，周缘具淡绿色细边；后翅无色透明膜质。各足胫节端部以下淡青绿色，爪褐色；跗节 3 节；后足跳跃足。雌成虫腹面草绿色，雄成虫腹面黄绿色。头顶中央有一个白纹，两侧各有一个不明显的黑点，复眼内侧和头部后绿也有白纹，并与前一白纹连成"山"形。

（2）卵：长约 0.6 ～ 0.8 mm，宽约 0.15 mm，新月形或香蕉形，头端略大，浅黄绿色，后期出现 1 对红色眼点。

（3）若虫：5龄，除翅尚未形成外，体形和体色与成虫相似。1龄体长 0.8～0.9 mm，乳白色，头大体纤细，体疏覆细毛；2龄体长 0.9～1.1 mm，体淡黄色；3龄体长 1.5～1.8 mm，体淡绿色，腹部明显增大，翅芽开始显露；4龄体长 1.9～2.0 mm，体淡绿色，翅芽明显；5龄体长 2.0～2.2 mm，体草绿色，翅芽伸到腹部第五节，接近成虫形态。

图 2-40　小绿叶蝉若虫　　　　　　图 2-41　小绿叶蝉成虫

2. 大青叶蝉

大青叶蝉又名青叶跳蝉、青叶蝉、大绿浮尘子等。

（1）成虫：体长雄虫 7～8 mm，雌虫 9～10 mm，体黄绿色，头部颜面淡褐色，复眼三角形，绿或黑褐色；触角窝上方、两单眼之间具黑斑 1 对。前胸背板浅黄绿色，后半部深绿色。前翅绿色带有青蓝色泽，前缘淡白，端部透明，翅脉青绿色，具狭窄淡黑色边缘，后翅烟黑色，半透明。腹两侧、腹面及胸足均为橙黄色。跗爪及后足胫节内侧细条纹刺列的每一刺基部黑色。

（2）卵：长卵形稍弯曲，长约 1.6 mm，宽约 0.4 mm，乳白色，表面光滑，近孵化时为黄白色。一端稍细，表面光滑。

（3）若虫：初孵灰白色，微带黄绿，头大腹小，复眼红色，胸、腹背面无显著条纹。3龄后体黄绿，胸、腹背面具褐色纵列条纹，并出现翅芽。老熟若虫体长 6～7 mm，头冠部有 2 个黑斑，胸背及两侧有 4 条褐色纵纹直达腹端，形似成虫。

图 2-42　大青叶蝉成虫

图 2-43　大青叶蝉产卵与卵

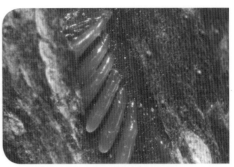

图 2-44　大青叶蝉卵（放大）

图 2-45　大青叶蝉初孵若虫

图 2-46　大青叶蝉若虫

3. 笑脸叶蝉（暂命名，种名待鉴）

　　笑脸叶蝉（暂命名，种名待鉴定）是秦岭北麓猕猴桃主产区的主要叶蝉种类，其成虫主要特征为虫体淡黄绿色，头顶中央有 1 个稍大的黑点，两复眼近上部各有 1 小黑点，前胸背板上有 2 个大的黑点，小盾片下缘有 1 个朝 2 个黑点的凹线，中央有 1 个小黑点，前胸背板的 2 个黑点与小盾片下缘的凹线形成一个形似"笑脸"的图案，故暂定名为笑脸叶蝉，具体种名有待鉴定。

图 2-47　笑脸叶蝉成虫

图 2-48　笑脸叶蝉低龄若虫

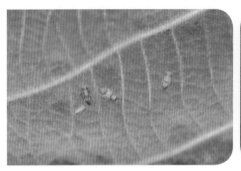

图 2-49　笑脸叶蝉高龄若虫

图 2-50　笑脸叶蝉成虫与若虫

（三）生活史及习性

小绿叶蝉 1 年发生多代，猕猴桃生产的整个生育期均可为害。成虫活跃善跳，多产卵于叶背，或产于茎部组织。越冬后若虫在 4 月份开始活动，6 月中旬为第 1 次虫口高峰期，8 月下旬为第 2 次高峰。发生与气候条件关系密切。旬平均气温 15 ～ 25℃，对其生长发育较为适宜。高于 28℃时，对其生长发育不利，虫口显著下降。雨量大或下雨时间长以及干旱均不利其繁殖。成、若虫在雨天或晨露时不活动。时晴时雨的天气，杂草丛生的果园有利该虫发生。成、若虫白天活动，喜于叶背刺吸汁液与栖息，成虫常以跳助飞，但飞行力弱，可借风远传。被害叶片出现黄白色斑，严重时全叶苍白或自叶缘逐渐卷缩，秋末以末代成虫越冬。

大青叶蝉在北方年发生 3 代，以产卵器划开树皮将卵产于树木枝条表皮下越冬。翌年 4 月孵化，若虫期 30 ～ 50 d，在杂草、农作物及蔬菜上繁殖为害，5 ～ 6 月出现第 1 代成虫，7 ～ 8 月出现第 2 代成虫，9 ～ 11 月出现第 3 代成虫。成虫、若虫日夜均可活动取食，产卵于寄主植物茎秆、叶柄、主脉、枝条等组织内，以产卵器刺破表皮成月牙形伤口，产卵 6 ～ 12 粒于其中，排列整齐，产卵处的植物表皮成肾形凸起。每雌虫可产卵 30 ～ 70 粒，非越冬卵期 9 ～ 15 d，越冬卵期达 5 个月以上。第 2、3 代成虫、若虫主要在果园危害幼苗、幼园植株和果园杂草等，至 10 月中旬成虫开始迁至树干上产卵，10 月下旬为产卵盛期，并以卵态于树干、枝条皮下越冬。成、若虫夏季有较强的趋光性。受惊后即斜行或横行向背阴处或与惊动所来方向相反处逃避。

笑脸叶蝉（暂命名，种名待鉴定）近年来逐渐成为秦岭北麓猕猴桃主产区的主要叶蝉种类，尤其在猕猴桃生长后期种群数量大，对猕猴桃叶片的危害严重。急需进一步研究其发生规律和防控技术。

（四）防控技术

1.冬季清除苗圃内的落叶、杂草，减少越冬虫源基数。1～2年生幼树，在成虫产越冬卵前用塑料薄膜袋套住树干，或用1∶50～1∶100的石灰水涂干、喷枝，阻止成虫产卵。

2.加强果园管理。幼树园和苗圃地附近最好不种秋菜，或在适当位置种秋菜诱杀成虫，杜绝上树产卵。幼园间作应以收获期较早的作物为主，避免种植收获期较晚的蔬菜和其他作物。合理施肥，以有机肥料为主，不过量施用氮肥，以促使树干、当年生枝及时停长成熟，提高树体的抗虫能力。

3.诱杀。在夏季夜晚设置黑光灯或频振式杀虫灯，利用其趋光性，诱杀成虫。果园架下挂黄板来诱杀成虫。

图2-51　黄板诱杀

4.药剂防治。抓住关键时期进行药剂防治。应抓好越冬代成虫出蛰活动的盛期，第1代、第2代若虫孵化盛期，优先选用内吸性杀虫剂或触杀性和内吸性杀虫剂相结合。4～8月虫口密度大时，可以选用90%敌百虫晶体，或10%吡虫啉可湿性粉剂1 500～2 000倍液，或2.5%溴氰菊酯2 000倍液，或2.5%高效氯氟氰乳油3 000倍液，或25%噻嗪酮可湿性粉剂1 000～1 500倍液，5%啶虫咪可湿性粉剂2 000～3 000倍液，或50%辛硫磷乳油1 000倍液全园喷雾防治。一般间隔7～10 d，连喷2～3次，以消灭迁飞来的成虫。喷药须均匀周到。

秋季大绿叶蝉上树产卵前及时喷药防治，防止在枝干上产卵危害。园内的间作物及附近杂草也应同时喷药。

六、斑衣蜡蝉

斑衣蜡蝉（*Lycorma delicatula*）是同翅目蜡蝉科的昆虫，俗称"花姑娘""红娘子""椿蹦""花蹦蹦"等。斑衣蜡蝉常常危害臭椿、香椿、葡萄、核桃等作物，近年来，对猕猴桃的危害逐年加重，局部地区个别果园发生严重，必须做好防控。

（一）危害症状

斑衣蜡蝉对猕猴桃的危害主要有：

1. 刺吸危害。以成虫、若虫群集在叶背、嫩梢上刺吸危害，被害部位形成白斑而枯萎或嫩梢萎缩、畸形等，影响生长，栖息时头翘起，有时可见数十头群集在新梢上，排列成一条直线危害。

2. 污染果面。斑衣蜡蝉常常将卵块产在猕猴桃果面，抹掉卵块后，在果面留下灰褐色污渍，影响猕猴桃的品相，降低了猕猴桃的价值。

3. 易导致煤污病。斑衣蜡蝉能分泌含糖物质，引起被害植株发生煤污病，叶面变黑，影响叶片光合作用，严重影响植株的生长和发育。

4. 传播病害。斑衣蜡蝉以刺吸式口器刺吸猕猴桃枝干和枝条的过程中，往往会传播猕猴桃细菌性溃疡病和病毒病等病害，从而加重这些病害在猕猴桃果园的蔓延危害。

图 2-52　斑衣蜡蝉成虫刺吸危害主干

图 2-53　斑衣蜡蝉低龄群聚若虫刺吸危害枝条

图 2-54　斑衣蜡蝉低龄群聚若虫刺吸危害叶片

图 2-55 斑衣蜡蝉高龄
若虫危害猕猴桃主干

图 2-56 斑衣蜡蝉成虫分泌黏液于叶片

图 2-57 斑衣蜡蝉成虫分泌得的黏液被
霉菌腐生，污染叶片

图 2-58 斑衣蜡蝉产卵于果面污染果实

（二）识别特征

斑衣蜡蝉有成虫、卵和若虫三个虫态，其形态识别特征如下：

1.成虫：雄虫体长 13 ～ 17 mm，翅展 40 ～ 45 mm，雌虫体长 17 ～ 22 mm，翅展 50 ～ 52 mm。全身灰褐色，常覆白色蜡粉。体隆起，头部小，头角向上卷起，呈短角突起。触角在复眼下方，鲜红色。前翅革质，基部 2/3 为淡褐色，翅面具有 20 个左右的黑点；端部 1/3 为深褐色，脉纹白色；后翅膜质，基部鲜红色，具有黑点；翅端及脉纹为黑色。

2.卵：呈块状，上覆 1 层灰色土状分泌物，内有五六行至十余行，每行 10 ～ 30 粒卵，排列整齐。卵粒长椭圆形，长径约 3 mm，短径约 2.0 mm，状似麦粒，背面两侧具凹人线，中部形成 1 长条隆起，隆起的前半部有长卵形的盖。

3.若虫：略似成虫，共4龄，不同龄期体色变化很大，1～3龄若虫体黑色，布有许多小白点；4龄若虫身体通红，体背有黑色和白色斑纹。初孵化时白色，体扁平，头尖长，足长，静如鸡，后渐变黑色。1龄若虫长4 mm，宽约2 mm，头顶有脊起3条，体背有白色蜡粉所组成的斑点；2龄若虫体长7 mm，宽3.5 mm，体形似1龄若虫；3龄若虫体长10 mm，宽4.5 mm，体形似2龄若虫，白色蜡粉斑点显著；4龄若虫体长13 mm，宽6 mm，体背面红色，布黑色斑纹和白点，头部较以前各龄延伸，翅芽明显见于体两侧，体足基色黑，布有白色斑点。后足发达善跳。

图2-59　斑衣蜡蝉成虫

图2-60　斑衣蜡蝉交配状

图2-61　斑衣蜡蝉卵粒组成卵块，覆盖灰色分泌物（产于果实上）

图2-62　斑衣蜡蝉卵孵化初孵若虫

图2-63　斑衣蜡蝉卵块（产于主干）

图 2-64 斑衣蜡蝉若虫蜕皮　图 2-65 斑衣蜡蝉低龄若虫　图 2-66 斑衣蜡蝉高龄若虫

（三）生活史及习性

斑衣蜡蝉 1 年发生 1 代，以卵在树干或附近建筑物上越冬。翌年 4 月中下旬若虫孵化危害，4 月中旬开始孵化，并群集嫩茎和叶背危害，5 月上旬为孵化盛期。若虫期约 60 d，脱皮 4 次羽化为成虫。6 月中、下旬至 7 月上旬羽化为成虫。8 月中旬开始交尾产卵，直至 10 月下旬逐渐死亡。卵多产在树干的背阴面，或树枝分叉处。一般每块卵有 40～50 粒，多时可达百余粒，卵块排列整齐，覆有一层土灰色覆盖物。

成、若虫喜干燥炎热天气，具有群集性，常数十至百头栖息于枝干、枝叶与叶柄上，飞翔力较弱，但善于跳跃，受惊扰即跳跃逃避，成虫常以跳助飞或假死状。成虫寿命 4 月余，成、若虫危害时间共达 6 月之久，以口器插入植物组织深部，吸食汁液。若 8～9 月温度低、湿度高，常使产卵量、孵化率下降，使翌年虫口大减；反之，秋季干旱少雨，易酿灾害。

（四）防控技术

1. 清除果园周围寄主植物。斑衣蜡蝉以臭椿等为原寄主，及时清除果园周围的臭椿和苦楝等寄主植物，降低虫源密度，减轻危害。

2. 人工抹卵。斑衣蜡蝉主要以卵块越冬，所以结合冬季修剪，刮除主干和主蔓上的卵块，可以显著降低来年果园的虫量。

3. 生物防治。充分保护和利用寄生性天敌和捕食性天敌如寄生蜂等，以控制斑衣蜡蝉。

4. 药剂防治。若虫孵化期和初龄若虫期是关键防治时期，及时喷药防治。若、成虫发生期，可选用 50% 辛硫磷乳油 2 000 倍液，或 50% 敌敌畏乳剂 1 000 倍液，或 10% 吡虫啉可湿性粉剂 2 000 ～ 3 000 倍液，或 25% 噻虫嗪水分散粒剂 4 000 ～ 5 000 倍液或 2.5% 高效氯氟氰菊酯乳油 2 000 倍液，或 10% 氯氰菊酯乳油 2 000 ～ 2 500 倍液等药剂进行喷雾防治。

七、广翅蜡蝉

广翅蜡蝉属同翅目蜡蝉总科广蜡蝉科，可为害桃、李、樱桃、柑橘、桑、猕猴桃等多种植物。近几年来，在猕猴桃产区局部地区偶发危害，造成一定损失。

（一）危害症状

广翅蜡蝉主要以成虫和若虫密集在猕猴桃的嫩梢和叶片背面刺吸汁液危害，严重时枝、茎、叶上布满白色蜡质，植株生长不良，造成枯枝、落叶，树势衰退；常产卵于当年生枝条和叶背主脉内，影响枝条和叶片生长，重者产卵部以上枯死，削弱树势，严重影响果实的品质与产量。同时其排泄物可诱发煤污病，影响植株正常生长。

（二）识别特征

广翅蜡蝉的若虫体型小，满身密布着絮状的蜡质，在腹部的末端有向上翘的放射状蜡丝，远看就像孔雀开屏，极易识别。在猕猴桃生产上常见的广翅蜡蝉主要有八点广翅蜡蝉 [*Ricania speculum*（Walker）]、柿广翅蜡蝉（*Ricania sublimbata* Jacobi）和透明疏广蜡蝉（*Euricanid clara* Kato）等，广翅蜡蝉为不完全变态昆虫，其成虫、卵、若虫期形态特征如下。

1. 八点广翅蜡蝉

八点广翅蜡蝉，别名八点蜡蝉、八点光蝉、桔八点光蝉等。可以危害苹果、梨、桃、杏、李、梅、樱桃、枣、栗、山楂、柑橘和猕猴桃等。分布于河南、山西、陕西、江苏、浙江、广西、广东、湖北、湖南、福建、云南、台湾等地，长江以南局部地方发生严重。

（1）成虫：体长 11.5 ～ 13.5 mm，翅展 23.5 ～ 26 mm，体黑褐色，疏被白蜡粉。触角刚毛状，短小。单眼 2 个，红色。翅革质密布纵横脉呈网状，前翅宽大，略呈三角形，翅面被稀薄白色蜡粉，翅上有 6 ～ 7 个白色透明斑；后翅半透明，翅脉黑色，中室端有 1 白色透明斑。

（2）卵：长 1.2 mm，长卵形，卵顶具 1 圆形小突起，初乳白渐变淡黄色。

（3）若虫：体长 5 ～ 6 mm，宽 3.5 ～ 4 mm，体略呈钝菱形，暗黄褐色，体疏被白色蜡粉，腹部末端有 4 束白色绵毛状蜡丝，呈扇状伸出，中间 1 对长约 7 mm，两侧长 6 mm 左右，平时腹端上弯，蜡丝覆于体背以保护身体，常可作孔雀开屏状，向上直立或伸向后方。

图 2-67　八点广翅蜡蝉

2. 柿广翅蜡蝉

柿广翅蜡蝉，也称为白痣广翅蜡蝉，其典型特点是成虫前翅外缘 1/3 处有一黄白色三角形斑，容易识别。

（1）成虫：体长 7 ～ 10 mm，翅展 22 ～ 36 mm。体褐色至黑褐色，腹面深褐色；腹部基部黄褐色，其余各节深褐色，尾器黑色，头、胸及前翅表面多绿色蜡粉。前翅前缘外缘深褐色，向中域和后缘色渐变淡；前缘外方 1/3 处有一黄白色三角形斑。后翅为暗褐色，半透明，脉纹黑色，脉纹边缘有灰白色蜡粉。

（2）卵：长 0.8 ～ 1.2 mm，乳白色，长卵形。

（3）若虫：黄褐色，体长 3 ～ 6 mm，体被白色蜡粉，腹部末端有 10 条白色绵毛状蜡丝，呈扇状伸出。平时腹端上弯，白色绵毛状蜡丝覆于体背以保护身体，常可作孔雀开屏状，向上直立或伸向后方。1 ～ 4 龄若虫为白色，5 龄若虫中胸背板及腹背面为灰黑色，头、胸、腹、足均为白色，复眼灰色，中胸背板有 3 个白斑，其中 2 个近圆形，斑点中有一个小黑点，另一个近似三角形，呈倒"品"字形排列。

图 2-68　柿广翅蜡蝉成虫危害猕猴桃枝条

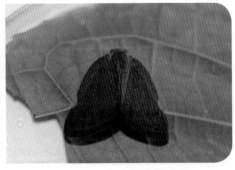

图 2-69　柿广翅蜡蝉成虫

图 2-70　柿广翅蜡蝉若虫体尾扇状蜡丝　　　图 2-71　柿广翅蜡蝉若虫

3. 透明疏广蜡蝉

透明疏广蜡蝉，异名透明广翅蜡蝉，分布于东北、北京、山东、陕西、甘肃、贵州等地，寄主主要为桑树、洋槐和枸杞，近年来发现可以危害猕猴桃。

成虫体长约 6 mm，翅展通常超过 20 mm。身体黄褐色与栗褐色相间；前翅无色透明，略带有黄褐色，翅脉褐色，前缘有较宽的褐色带；前缘近中部有一黄褐色斑。后翅无色透明，翅脉褐色，边缘有褐色细线。

若虫体扁平，腹部末端有许多白色蜡丝，常常做扇状开张。

图 2-72　透明疏广蜡蝉若虫危害猕猴桃枝条　　图 2-73　透明疏广蜡蝉若虫危害猕猴桃叶片

图 2-74　透明疏广蜡蝉若虫　　　　　　　图 2-75　透明疏广蜡蝉成虫

（三）生活史及习性

八点广翅蜡蝉 1 年发生 1 代，以卵在当年生枝条里越冬。若虫 5 月中下旬至 6 月上中旬孵化，低龄若虫常数头排列于一嫩枝上刺吸汁液为害。4 龄后散害于枝梢、叶果间，爬行迅速，善于跳跃。若虫期 40～50 d。7 月上旬成虫羽化飞行力较强且迅速，寿命 50～70 d，为害至 10 月份。成虫产卵期 30～40 d，卵产于当年生嫩枝木质部内，单雌产卵 130 粒左右，产卵孔排成 1 纵列，孔外带出部分木丝并覆有白色絮状蜡丝。成虫有趋聚产卵的习性，虫量大时，被害枝上刺满产卵痕迹。

柿广翅蜡蝉 1 年发生两代，以卵在当年生枝条内越冬。越冬卵一般 4 月上旬开始孵化，4 月下旬为孵化盛期，若虫盛发期在 4 月中旬至 6 月上旬，成虫发生期为 6 月下旬至 8 月上旬，7 月上旬前后为羽化盛期。一代卵高峰期在 7 月中旬至 8 月中旬，若虫高峰期在 7 月下旬到 8 月上旬，第 2 代若虫盛发期在 8～9 月，成虫发生期在 9～10 月，第 2 代产卵期在 9 月上旬至 10 月下旬，以卵在枝条皮下越冬。若虫 5 个龄期，若虫孵化多于晚 21 时至次日 2 时，初孵若虫转移到叶背，4 龄前集中在叶背为害，5 龄后稍分散到嫩枝及叶片上为害，还可跳跃到周围其他寄主上。若虫性活泼，受惊后横行斜走，蜡丝作孔雀开屏状，惊慌时则跳跃逃逸，且晴朗温暖天气活动活跃。成虫能飞翔，善跳跃。单雌虫平均产卵 68 粒。卵产于叶片背面的主脉、叶柄或枝梢上，雌虫用产卵器在植株表皮上划长条状产卵痕，产卵其中，覆以棉絮状白色蜡质。卵粒排列成两行，少有单行排列。

透明疏广蜡蝉 1 年发生 1 代，以卵在枝条里越冬。田间若虫危害期大约在 7 月上旬到 8 月上旬。

（四）防控技术

1. 清园。结合冬季修剪，剪除有卵块的枝条，清除杂草和果园四周的杂灌，集中烧毁，减少虫源。

2. 加强果园管理。在猕猴桃果园日常管理中，及时调查，一旦发现广翅蜡蝉局部危害，及时剪除危害的枝条，带出园外处理即可。

3. 化学防治。如果果园危害较重，及时喷药防治。广翅蜡蝉若虫期孵化比较整齐，2 龄前若虫不善跳跃，若虫 1～2 龄期是防治的关键时期。可以选用 48% 毒死蜱乳油 1 000 倍液，或 50% 啶虫脒水分散粒剂 3 000 倍液，或 10% 吡虫啉可湿性粉剂 2 000 倍液，或 90% 晶体敌百虫 1 000 倍液，或 5% 氟氯氰菊酯乳油 2 000 倍液等进行喷雾防治。由于虫体特别是若虫被有蜡粉，所用药液中如能混用含油量 0.3% ～ 0.4% 的柴油乳剂或黏土柴油乳剂，可提高防治效果。

八、蚧类

蚧类又名介壳虫，是半翅总目同翅目（Homoptera）昆虫，主要为害植物的叶片、枝条和果实，是猕猴桃、苹果、梨、桃等果树生产上一类重要的害虫。

在猕猴桃生产上危害猕猴桃的主要有草履蚧、桑白蚧（桑盾蚧、桑介壳虫、桃介壳虫等）、柿长绵粉蚧、考氏白盾蚧、梨长白蚧、椰圆蚧、蛇眼蚧、龟蜡蚧、网纹绵蚧、桑虱和红蜡蚧等，不同地区猕猴桃产区危害种类有所不同，秦岭北麓猕猴桃产区危害严重的主要有桑白蚧、草履蚧等。

（一）危害症状

介壳虫可以危害猕猴桃叶片、枝条和果实，猕猴桃生产上主要以雌虫和若虫群集固着在猕猴桃的主干、主蔓和枝条等上吸食汁液，常常造成枝条表面凹凸不平，树势衰弱，枯枝增多，被害植株生长不良、叶片泛黄、提早落叶等，严重时造成叶片发黄、枝梢枯萎、树势衰退或全株枯萎死亡。并且容易诱发煤烟病和膏药病等，加重危害。

（二）识别特征

介壳虫的成虫具二型现象，一般是雄性有翅，能飞，雌虫翅退化。雌、雄都具扁平的卵形躯体，具有蜡腺，能分泌蜡质介壳。介壳形状因种而异。常见的外形有圆形、椭圆形、线形或牡蛎形。雌虫无翅，足和独角均退化，雌虫和幼虫一经羽化，幼龄可移动觅食，稍长则足退化，终生寄居在枝、叶或果实上危害；雄虫能飞，有 1 对膜质前翅，后翅特化为平衡棒。足和触角发达，刺吸式口器。体外被有蜡质介壳。卵通常埋在蜡丝块中、雌体下或雌虫分泌的介壳下。常见危害猕猴桃的介壳虫主要有以下几种：

1. 草履蚧 [*Drosicha corpulenta* (Kuwana)]

草履蚧属同翅目绵蚧科蚧科昆虫。别名草鞋蚧，桑虱，日本履绵蚧、草履硕蚧、草鞋介壳虫、柿裸蚧、树虱子等。全国大部分地区都有分布，除危害猕猴桃外，还危害海棠、樱花、无花果、紫薇、月季、红枫、柑橘、苹果、梨、杏、桃、柿树、桑树、杨树、悬铃木、柳树、泡桐、红叶李、蜡梅、玉兰等多种果树和园林植物。

（1）成虫：雌成虫体长 7.8 ～ 10 mm，宽 4.0 ～ 5.5 mm。体扁平，沿身体边缘分节较明显，呈草鞋底状，形似倒放的草鞋而得名"草履蚧"。体褐或红褐色，背面棕褐色，腹面黄褐色，周缘淡黄、体背常隆起，肥大，腹部具横皱褶凹陷。体被稀疏微毛和一层霜状蜡粉。触角 8 节，节上多粗刚毛；足黑色，粗大。

雄成虫体长 5.0 ～ 6.5 mm，翅展约 10 mm。复眼较突出。翅淡黑色。触角黑色丝状 10 节，除 1 ～ 2 节外，各节均环生 3 圈细长毛。腹末具枝刺 17 根。

（2）卵：椭圆形，初产黄白渐呈黄红色，产于卵囊内，卵囊为白色绵状物，其中含卵近百粒。

（3）若虫：初孵化时棕黑色，腹面较淡，触角棕灰色，唯第三节淡黄色。其他特征除体形较雌成虫小，色较深外，皆相似。

（4）雄蛹：圆筒状，褐色，长约 5.0 mm，外被白色绵状物。有白色薄层蜡茧包裹，有明显翅芽。

图 2-76　草履蚧危害主干　　图 2-77　草履蚧危害嫩梢　　图 2-78　草履蚧若虫

图 2-79　草履蚧雌成虫　　图 2-80　草履蚧雄虫与雌成虫交尾

2. 桑盾蚧 [*Pseudaulacaspis pentagona* (Targioni Tozzetti)]

桑盾蚧属同翅目盾蚧科拟白轮盾蚧属昆虫，又叫桑白蚧，桃介壳虫等。除危害猕猴桃外，还危害桃、李、梅、杏、桑、茶、柿、枇杷、无花果、杨树、柳树、丁香、苦楝等多种果树林木。

（1）成虫：雌雄异型。雌成虫体长 0.8 ～ 1.3 mm，宽 0.7 ～ 1.1 mm。淡黄至橘红，臀板区红或红褐色。介壳近圆形，直径 2 ～ 2.5 mm，灰白色至黄褐色，脱皮壳橘黄色，位于介壳近中部，背面有螺旋形纹，中间略隆起，壳点黄褐色，偏向一方。雄成虫有翅，体长 0.6 ～ 0.7 mm，翅展宽约 1.8 mm。体橙黄色至橘红色，介壳细长，长 1.2 ～ 1.5 mm，白色，背面有 3 条纵脊，点黄褐，位于前端。1 对前翅，呈卵圆形，灰白色，被细毛；后翅退化成平衡棒。触角念珠状，各节生环毛。

（2）卵：椭圆形，长径 0.25 ～ 0.30 mm，初产浅红，渐变浅黄褐，孵化前为橘红色。

（3）若虫：初孵扁椭圆，长 0.3 mm 左右，浅黄褐色，眼、足、触角正常，可以爬行，腹末有 2 根尾毛。两眼间具 2 个腺孔，分泌绵毛状蜡丝覆盖身体，脱皮进入 2 龄后，眼、足、触角及腹末尾毛均退化，开始分泌蜡质介壳。

（4）蛹：仅雄虫有蛹，橙黄色裸蛹，长约 0.6 ～ 0.7 mm。

图 2-81　桑盾蚧危害猕猴桃枝干　　图 2-82　桑盾蚧危害猕猴桃枝条　　图 2-83　桑盾蚧危害猕猴桃果柄

 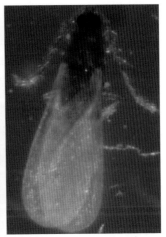

图 2-84 桑盾蚧雌虫 　　　　图 2-85 桑盾蚧雄成虫（放大）

（三）生活史及习性

介壳虫类 1 年产生数代。以卵、幼虫和雌性成虫在树枝蔓干、蔓上和土壤中越冬。如草履蚧 5 月份雌虫下树，在树干四周 5～7 cm 深的土缝内或石块下越冬，分泌白色绵状卵囊，并产卵于其内，越夏过冬；桑白蚧等则以受精雌虫在枝蔓上越冬；狭口炎盾蚧则以 2 龄若虫和半点成虫在树枝蔓枯叶上越冬。雌性成虫和若虫常因被有蜡质介壳，药液难以渗入，触杀式药剂结果不显著，而用内吸式农药较好。

草履蚧在北方 1 年发生 1 代，大多以卵在卵囊内，少数以 1 龄若虫在树干基部土壤中越冬。翌年 2 月上旬至 3 月上旬孵化，孵化后的若虫仍停留在卵囊内，寄主萌动、树液流动开始出囊上树为害。在陕西若虫上树盛期为 3 月中旬，3 月下旬基本结束。若虫上树多集中于上午 10 时至下午 2 时，顺树干向阳面爬至嫩枝、幼芽等处吸食危害，初龄若虫行动迟缓，喜群栖树权、树洞及皮缝等隐蔽处。小若虫有日出上树、午后下树入土的习性，稍长大后则不再下树。草履蚧若虫、成虫的虫口密度高时，往往群体迁移，爬满树体和地面。雄若虫脱皮 3 次化蛹，蛹期约 10 d，雌若虫则羽化为成虫。5 月上中旬为羽化期，雄成虫羽化以后不取食，有趋光性，多在阴天或晴天傍晚飞或爬至树上寻找雌成虫交尾。5 月中旬为交尾盛期，5 月中下旬雌虫开始下树入土分泌卵囊产卵，再分泌蜡质覆盖卵粒，然后再分层重叠产卵其上，一般产卵 7 层左右，每层产卵量 18～32 粒。一般每头雌成虫产卵 70～160 粒，多者达 200 余粒。产卵期 5 d 左右。以卵越夏越冬。

桑白蚧各地发生代数不同，在北方年发生2代，以受精雌成虫在2年生以上的枝条上群集越冬。翌年树液流动后开始为害。4月下旬开始产卵，4月底5月初为盛期，初孵若虫分散爬行到2～5年生枝条上取食，以枝杈处和阴面较多，7～10 d后便固定在枝条上，分泌绵毛状蜡丝，逐渐形成介壳。5月上旬为末期，单雌卵量平均135粒。卵期10 d左右，5月上旬开始孵化，5月中旬为盛期，下旬为末期。6月中旬开始羽化，6月下旬为盛期。第2代7月下旬为卵盛期，7月底为卵孵盛期，8月末为羽化盛期。交尾后雄虫死亡，雌虫继续为害至9月下旬后停止取食，开始越冬。

（四）防控技术

根据介壳虫体结构和为害的特点，采用加强检疫、严防传播、人工防治、生物防治与化学防治相结合的综合防治技术。

1. 加强植物检疫。大多介壳虫营固定生活，可以随苗木和接穗远距离传播蔓延为害。在苗木引进和调运时，必须加强苗木和接穗的检疫，杜绝带虫劣质苗木传播，防止远距离传播扩散。

2. 清除越冬虫源。

（1）深翻土壤，破坏越冬场所。结合秋冬季翻树盘、施基肥等管理措施，挖除土缝中、杂草下及地堰等处的卵块烧毁。

（2）树干涂白。结合冬剪，先刮掉老粗皮，剪掉群虫聚积的枝蔓，带出烧毁或深埋，再用生石灰、盐、水、植物油和石硫合剂按1∶0.1∶10∶0.1∶0.1的比例配成涂白剂，对主干和粗枝进行涂白。

（3）诱杀。4月中旬树下挖坑，内置树叶，引诱雌成虫入坑产卵后加以消灭。

（4）合理冬剪，剪除介壳虫危害枝。在冬剪时，剪除虫体较多的辅养枝。

（5）果树休眠期用硬毛刷或细钢丝刷，刷掉枝上的虫体。

3. 人工清除。介壳虫如桑盾蚧等初期危害一般都呈局部、点片发生，营固定生活危害，及早检查，发现及时人工清除虫体，可以用硬毛刷或细钢丝刷，刷掉枝上的虫体，或者及时剪除有虫体危害的枝条，带出果园处理。如果发现及时，处理措施合理有效，不会造成后期大发生，也不会对果园造成严重危害。

4. 阻止上树。对于在土中越冬的介壳虫如草履蚧等，一般在春季要上树为害，所以要及时采取措施阻止越冬害虫上树。可以在1月底草履蚧若虫上树前，在树干离地面50 cm处，先刮去1圈老粗皮，再绑高度大于10 cm的涂抹药膏的塑料胶带或含菊酯类药剂的黄油，阻止若虫上树。此期及时注意检查，保持胶的黏度，如发现黏度不够要刷除死虫，添补新虫胶。对未死若虫可人工捕杀。也可用透明、光滑的胶带纸缠绕树干一周，阻止上树。

5. 生物防治。介壳虫类有许多的天敌寄生或捕食，如草履蚧捕食性天敌主要有红环瓢虫和黑缘红瓢虫；桑盾蚧的天敌主要是红点唇瓢虫。通过保护和利用天敌，或采用引种人工繁殖释放措施，增加天敌数量，控制蚧虫的危害。

6. 药剂防治。

（1）休眠期至早春萌芽前喷布 3～5 波美度石硫合剂，或 45% 结晶石硫合剂 20～30 倍液，或柴油乳剂 50 倍液清园。

（2）春季进行监测，及时药剂防控。若虫孵化期，在未形成蜡质或刚开始形成蜡质层时是药剂防治的关键时期，及时喷药防治。卵孵化期，可选用 2.5% 溴氰菊酯乳油 3 000 倍液，或 5% 啶虫脒乳油 3 000～4 000 倍液，或 48% 毒死蜱乳油 2 000 倍液，或 52.25% 高氯·毒死蜱乳油 2 000 倍液，或 40% 的水胺硫磷乳油 2 000 倍液等喷雾均有较好效果。介壳形成初期，可用 40% 马拉硫磷乳油 1 500 倍液，或 25% 噻嗪酮可湿性粉剂 1 000～2 000 倍液，或 10% 吡虫啉可湿性粉剂 2 000 倍液，或 95% 机油乳剂 200 倍加 40% 毒死蜱乳油 2 000 倍液喷雾，防效显著。介壳形成期即成虫期，可用松碱合剂 20 倍液，或机油乳剂 60～80 倍液，溶解介壳杀死成虫。

九、叶螨类

叶螨又名红蜘蛛或黄蜘蛛等，属于蜱螨亚纲（Acarina）叶螨科（Tetranychidae）的植食螨类，可以危害棉花、粮食、果树、林木和观赏植物等农作物、果树和林木等，是农业生产中的重要害螨，如苹果全爪螨（*Panonychus ulmi*）、山楂叶螨（*Tetranychus viennensis*）和二斑叶螨（*Tetranychus urticae*）是我国果实生产上的重要害虫，严重危害时可使果实产量减少 1/3～2/3。叶螨也是猕猴桃生产上的一类重要害虫，危害损失严重。目前，在猕猴桃各生产区局部产区危害严重。

（一）危害症状

以刺吸式口器吸食猕猴桃嫩芽、嫩梢和叶片等汁液，发生初期害螨多聚集在叶背主脉两侧，受害叶片正面叶脉两侧表现失绿，被害部位出现黄白色到灰白色失绿小斑点，后全叶逐渐变淡褐色，严重时叶片焦枯脱落，似火烧并提早脱落。受害叶片先从近叶柄的主脉两侧出现灰黄斑，严重时叶片发黄枯焦，严重影响树势及果品质量。

有很强的吐丝结网集合栖息特性，常在叶片背面主脉两侧吐丝结网、产卵。螨量大时叶面结薄层白色丝网，有时结网可将全叶覆盖起来，并罗织到叶柄，甚至细丝还可在树株间搭接，螨顺丝爬行扩散。

释放毒素或生长调节物质，引起植物生长失衡，以致有些幼嫩叶呈现凹凸不平的受害状，大发生时树叶、杂草、农作物叶片一片焦枯现象。

图 2-86　叶螨危害猕猴桃叶片症状

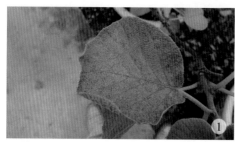

图 2-87　叶螨严重危害猕猴桃叶片症状

（二）识别特征

叶螨的一生经过卵、幼螨、前期若螨、后期若螨和成螨 5 个阶段。幼螨具 3 对足，若螨和成螨具 4 对足。危害猕猴桃的叶螨类害虫主要有山楂叶螨（*Tetranychus viennensis* Zacher）和二斑叶螨（*T.urticae* Koch）等，其识别特征如下：

1. 山楂叶螨

山楂叶螨，俗称山楂红蜘蛛。在中国分布广，以北方梨、苹果产区受害较重。主要危害梨、苹果、桃、樱桃、山楂、李等多种果树。

（1）成螨：雌成螨卵圆形，体长 0.54 ～ 0.59 mm，宽约 0.3 mm，呈卵圆形，深红色（冬型鲜红色，夏型暗红色），背部前端隆起，体背有刚毛 6 排，24 根。雄成螨较小，体长 0.35 ～ 0.45 mm，宽约 0.25 mm，体末端尖削，橙黄色,体背两侧有黑绿色斑纹。

（2）卵：圆球形,春季产卵呈橙黄色,夏季产的卵呈黄白色。多产于叶背面,常悬挂于蛛丝上。

（3）若螨：初孵幼螨体圆形、黄白色,取食后为淡绿色。4对足。前期若螨体背开始出现刚毛,两侧有明显墨绿色斑,后期若螨体较大,体形似成螨。

图 2-88　危害猕猴桃叶片的山楂叶螨（放大）

2. 二斑叶螨

二斑叶螨,俗称黄蜘蛛或白蜘蛛。

（1）成螨：雌成螨体长 0.42～0.59 mm,椭圆形,体背有刚毛 26 根,排成 6 横排。体色多变,生长季节为白色、黄白色,体背两侧各具 1 块黑色长斑。在生长季节绝无红色个体出现。雄成螨体长 0.26 mm,近卵圆形,前端近圆形,腹末较尖,多呈绿色。

（2）卵：球形,长 0.13 mm,光滑,初产为乳白色,渐变橙黄色,将孵化时现出红色眼点。

（3）若螨：幼螨初孵时近圆形,体长 0.15 mm,白色,取食后变暗绿色,眼红色,足 3 对。前若螨体长 0.21 mm,近卵圆形,足 4 对,色变深,体背出现色斑。后若螨体长 0.36 mm,与成螨相似。

图 2-89　危害猕猴桃叶片的二斑叶螨与卵（放大）

（三）生活史及习性

叶螨的一生经过卵、幼螨、前期若螨、后期若螨和成螨 5 个阶段。幼螨具 3 对足,若螨和成螨具 4 对足。每一虫态之前有一个静止期,在此期间,螨体固定于叶片或丝网上,后足卷曲,不再取食,准备蜕皮。螨类繁殖速度快,1 年数代到数十代,以受精雌螨在树干和土壤缝隙等处越冬。高温干旱条件发生严重。

山楂叶螨南北方发生代数不同，北方一般年发生6～10代，以受精雌成螨在主干、主枝和侧枝的翘皮、裂缝、根颈周围土缝、落叶及杂草根部越冬。花芽开放时越冬螨大量上树为害，山楂叶螨不太活泼，多群栖在叶背面丝网下为害。在树冠上的分布常常是自下而上，由里向外。先集中于树冠内膛局部危害，5、6月份向树冠外围转移。常群集叶背为害，有吐丝拉网习性，并可借丝随风传播。6月中旬至7月中旬是发生危害高峰期，麦收前后是全年防治的重点时期。7月下旬以后由于高温、高湿虫口明显下降，越冬雌成虫也随之出现，9～10月份大量出现越冬雌成虫，开始越冬。高温干旱条件下发生危害重。

二斑叶螨南北方发生代数不同，北方一般年发生7～9代，以受精雌螨在树枝干裂缝、果树根颈部及落叶、覆草下等处吐丝结网潜伏越冬。春季果树发芽时，越冬雌虫开始出蛰活动并产卵。出蛰后多集中在早春寄主如小旋花、葎草、菊科、十字花科等杂草上为害，第1代卵也多产于这些杂草上，卵期10余天。成虫开始产卵至第1代幼虫孵化盛期需20～30 d，以后世代重叠。于5月上旬后陆续迁移果园为害。由于温度较低，5月份一般不会造成大的危害。随着气温的升高，其繁殖也加快，在6月上、中旬进入全年的猖獗为害期，于7月上、中旬进入年中高峰期。6月下旬至8月下旬种群增长快，危害最严重。斑叶螨猖獗发生持续的时间较长，一般年份可持续到8月中旬前后。10月后陆续出现滞育个体，但如此时温度超出25℃，滞育个体仍然可以恢复取食，体色由滞育型的红色再变回到黄绿色，进入11月后均滞育越冬。二斑叶螨营两性生殖，受精卵发育为雌虫，不受精卵发育为雄虫。每雌可产卵50～110粒，最多可产卵200多粒。喜群集叶背主脉附近并吐丝结网于网下为害，有时结网可将全叶覆盖起来，大发生或食料不足时常群集于叶端成一虫团。

（四）防控技术

1. 清园。冬季清园，清除杂草及病虫枝，刮除树干上的翘皮、粗皮，带出集中烧毁，消灭越冬虫源。春季及时中耕除草，特别要清除阔叶杂草，及时剪除树根上的萌蘖，消灭叶螨。

2. 人工防治。

（1）阻止上树。春季在主干基部10～20 cm处缠胶带，胶带表面光滑，可以阻碍二斑叶螨上树危害。

（2）使用诱虫带，诱集越冬雌螨。8、9月份在主干下部缠诱虫带，给它提供人为的越冬场所，到冬季（春节前后）取下诱虫带并带出园外烧毁。

3. 生物防治。

（1）保护和利用天敌。害螨的天敌有异色食螨瓢虫、深点食螨瓢虫、束管食螨瓢虫、小黑花蝽、塔六点蓟马、中华草蛉、东方钝绥螨、西方盲走螨、胡瓜钝绥螨等。果园种草，为天敌提供补充食料和栖息场所。或帮助迁移或释放捕食性天敌等，以虫治虫。局部使用高效低毒农药，保护天敌。

（2）释放捕食螨。"以螨治螨"就是通过果园释放肉食性的捕食螨来捕食植食性的叶螨，是一种保护生态的 生物防治方法。一般在果园叶螨达到每叶 2 头时使用。在傍晚或阴天是释放，将纸袋口一边用剪刀斜剪一个小口，上盖一小片塑料纸防治浸水，用图钉钉在树冠内主干的阴面上，每株悬挂 1 袋。释放后禁止使用杀虫剂或杀螨剂等农药。

图 2-90　释放捕食螨防治叶螨

4. 药剂防治。

（1）杀灭越冬螨。秋季绑草圈、春季刮除老翘皮烧毁，喷 3～5 波美度的石硫合剂；果树发芽前喷 5% 柴油乳剂杀越冬卵。

（2）关键时期喷药防治。越冬雌螨出蛰盛期和第一代幼螨发生期，喷施 2% 阿维菌素乳油 2 000～3 000 倍液，或 15% 浏阳霉素乳油 1 500～2 000 倍液，或 50% 硫悬浮剂 200～400 倍液，或 5% 尼索朗乳油 2 000 倍液，或 73% 克螨特 3 000～4 000 倍液，或 20% 灭扫利乳油 3 000 倍液，或 15% 哒螨酮乳油 2 000～3 000 倍液，或 5% 唑螨酯悬浮剂 2 000 倍液，或 10% 溴虫腈乳油 3 000 倍液、5% 噻螨酮乳油 1 500 倍液等药剂。药剂防治时，药液中最好加入展着剂和渗透剂来提高药效，喷药必须仔细、周到，叶背面一定要喷到，效果好的药剂 1 年使用 1 次，并注意与其他药剂轮换使用，以延缓抗药性的产生。

十、隆背花薪甲（小薪甲）

隆背花薪甲 [*Cortinicara gibbosa* (Herbst)] 俗称小薪甲，属鞘翅目薪甲科（Lathridiidae）花薪甲属（*Cortinicara*）害虫。可以危害蔬菜、玉米、高粱、

棉花及果实等，尤其对枣树和猕猴桃等果实危害严重。危害枣树，啃食枣树嫩叶的下表皮和叶肉，留下上表皮，使叶片呈筛网状，影响叶片的光合面积，严重削弱树势；危害枣花的花梗和花蕊，造成显著减产。在猕猴桃生产上主要危害猕猴桃幼果期果实。

（一）危害症状

隆背花薪甲（小薪甲）主要危害猕猴桃幼果期果实，单个果不危害，只在两个相邻果挤在一块时危害，取食果面皮层和果肉，取食深度一般可达到果面下 2～3 mm，并形成浅的针眼状虫孔，这些虫孔常常连片，并滋生霉层，受害部位果面皮层细胞逐渐木栓化，呈片状隆起结痂，受害后小孔表面下果肉坚硬，味差，丧失商品价值。受害果采前变软脱落或贮藏期提前软化。

 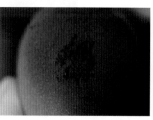 

图 2-91 隆背花薪甲危害猕猴桃相邻果　　图 2-92 隆背花薪甲取食猕猴桃果皮　　图 2-93 隆背花薪甲危害猕猴桃果实

（二）识别特征

隆背花薪甲（小薪甲）有成虫、卵、幼虫和蛹四个虫态，主要以成虫危害猕猴桃果实。

1. 成虫：体长 1～1.5 mm，体宽 0.5～0.6 mm。倒卵型，体色棕黄至棕褐色。头宽略小于前胸背板，被刻点。复眼突出，口器朝向前下方。触角 11 节，颜色稍浅于体色，触角基部 2 节较粗，第 1 节端部膨大。前胸背板近方形，中胸小盾片较小，近方形。鞘翅被细小刻点，纵向排列成 16 列，每刻点均有 1 卧毛；后翅膜质，有 2 根细的纵脉，翅的前缘在基半部及翅后缘具有等长的缨毛。足细长，颜色稍浅于体色。腹部可见背板 8 节，被毛及刻点；雌虫腹板一般可见 5 节，雄虫腹板常可见 6 节。

2. 卵：卵微小，长椭圆形，乳白色，半透明。

3. 幼虫：幼虫 3 对足，乳白色。头部暗棕色，足棕色，颜色稍浅于头部。腹节可见 9 节，体被稀疏的刚毛。

4. 蛹：乳白色，离蛹，无包被。

图 2-94　隆背花薪甲成虫　　　　图 2-95　隆背花薪甲成虫（放大）

（三）生活史及习性

隆背花薪甲在陕西猕猴桃产区一年发生 2 代，冬季以卵在主蔓裂缝或翘皮缝，落叶、杂草中潜伏越冬。次年 5 月中旬猕猴桃开花时，第 1 代成虫孵化出现，当气温上升至 25℃ 以上时孵化最快，出来后先在蔬菜、杂草上为害。5 月下旬至 6 月上旬主要危害猕猴桃，由于隆背花薪甲喜欢聚集栖息在容易滋生霉菌的荫蔽处取食霉菌，在相邻接触的两个幼果间为其提供了适宜的栖息地，幼果果面幼嫩，无霉菌，隆背花薪甲取食果面皮层和果肉，形成浅的针眼状虫孔，这些虫孔常常连片，并容易滋生霉层供其取食。幼果受害部位果面皮层细胞逐渐木栓化，呈片状隆起结痂，表面下果肉坚硬。气温升高成虫最活跃。到 6 月下旬危害减轻，7 月中旬出现第 2 代成虫，此时猕猴桃果面表皮变硬，隆背花薪甲无法取食为害，猕猴桃果实受害较轻。10 月下旬成虫又回到猕猴桃枝蔓皮缝、落叶、杂草中越冬。高温干旱，繁殖快、数量多，发生严重。

（四）防控技术

1. 清园。

（1）冬季彻底清园，刮除翘皮集中烧毁。

（2）花前及时清除果园周围的杂草和种植的蔬菜等一代成虫寄主植物。

2. 加强果园管理。合理负载，及时疏除畸形果，尽量选留单果，避免选留相邻的两个或多个果实。

3. 套袋。花后幼果期及时套袋，可以隔开相邻的果实避免小薪甲危害。

4. 药剂防治。5 月中旬当猕猴桃花开后，及时选择高效、低毒、低残留农药在傍晚或阴天进行防治。可选用 2.5% 高效氯氟氰菊酯乳油 1 500 ～ 2 000 倍液，或 2.5% 溴氰菊酯乳油 1 500 ～ 2 000 倍液，或 1.8% 阿维菌素乳油 2 500 ～ 3 000 倍液，间隔 10 ～ 15 d 喷 1 次，连续喷 2 次。喷药时要均匀喷药，特别要注意猕猴桃相邻两果（甚至三、四个果）之间一定要喷到。

十一、斜纹夜蛾

斜纹夜蛾 [*Spodoptera litura* (Fabricius)] 属鳞翅目夜蛾科，杂食性和暴食性害虫，危害寄主相当广泛，可危害十字花科蔬菜、瓜、茄、豆、葱、韭菜、菠菜以及粮食、经济作物等近 100 科 300 多种植物。斜纹夜蛾主要危害猕猴桃的育苗圃和幼龄园幼苗及成龄园植株靠地处萌蘖苗，在猕猴桃生产上是苗圃和幼园的主要食叶害虫。

（一）危害症状

斜纹夜蛾主要以幼虫咬食叶片，初龄幼虫啃食叶片下表皮及叶肉，仅留上表皮呈透明斑；4 龄以后进入暴食，蚕食植株叶片，仅留主脉，形成残缺。

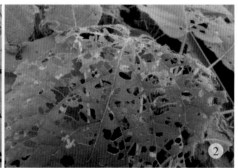

图 2-96　斜纹夜蛾危害叶片症状

（二）识别特征

斜纹夜蛾是典型的完全变态昆虫，有成虫、卵、幼虫和蛹 4 种虫态。

1. 成虫：体长 14 ～ 20 mm，翅展宽 33 ～ 45 mm，体暗褐色，胸部背面有白色丛毛。前翅灰褐色，花纹多，内横线和外横线灰白色，呈波浪形，中间有明显的白色斜阔带纹，故称斜纹夜蛾。在环状纹与肾状纹间有 3 条白色斜纹，肾状纹前部呈白色，后部呈黑色。后翅白色，无斑纹。

2. 卵：扁平，半球状，直径 0.4 ～ 0.5 mm，初产黄白色，后变为暗灰色，孵化前为紫黑色。卵粒集结成 3 ～ 4 层卵块块状粘合在一起，上覆黄褐色绒毛。

3. 幼虫：幼虫一般 6 龄，老熟幼虫体长 33 ～ 50 mm，头部黑褐色，体色则多变，一般为暗褐色，从土黄色到黑绿色都有，背线呈橙黄色，体表散生小白点，从中胸至第 9 腹节亚背线内侧各有近半月形或似三角形的半月黑斑 1 对。

4.蛹：体长15～20 mm，圆筒形，红褐色。尾部有1对强大而弯曲的刺。

图2-97　斜纹夜蛾低龄幼虫

图2-98　斜纹夜蛾老熟幼虫

图2-99　斜纹夜蛾蛹

图2-100　斜纹夜蛾成虫

（三）生活史及习性

斜纹夜蛾1年发生4～9代。以蛹在土中蛹室内越冬，少数以老熟幼虫在土缝、枯叶、杂草中越冬，南方冬季无休眠现象。该虫喜温耐高温不耐低温，发育最适温度为28～30℃，不耐低温，冬季易被冻死。2代、3代、4代幼虫分别发生在6～8月下旬，7～9月为害严重，4龄后食量猛增进入暴食期，各虫态适温28～30℃，气温35～40℃也能正常生长发育。成虫具趋光和趋化性，成虫白天潜伏在叶背或土缝等阴暗处，夜间出来活动。卵多产于叶片背面，产卵成块状，常覆有鳞毛。单雌蛾能产卵3～5块，每块约有卵位100～200个，卵多产在叶背的叶脉分叉处，经5～6 d就能孵出幼虫。幼虫共6龄，初孵幼虫具有群集危害习性，3龄以后则开始分散，4龄后进入暴食期，猖獗时可吃尽大面积寄主植物叶片，并迁徙他处为害。4龄以后老龄幼虫有昼伏性和假死性，白天多潜伏在叶下土表处或土缝里，傍晚爬到植株上取食叶片，遇惊就会落地蜷缩作假死状。

（四）防控技术

1.消灭田间虫源。冬季清理清除田间杂草，结合施基肥翻耕晒土或灌水，以破坏或恶化其化蛹场所，有助于减少越冬虫源。在幼虫入土化蛹高峰期，结合农事操作进行中耕灭蛹，降低田间虫口基数。

2.人工捕杀。斜纹夜蛾成虫产卵盛期勤检查，一旦发现卵块、群集危害的初孵幼虫和新筛网状被害叶，人工摘除并带出果园销毁，以减少虫源。

3.诱杀成虫。

（1）灯光诱杀。利用成虫的趋光性，持续使用频振式杀虫灯或黑光灯对成虫进行诱杀，每盏灯能有效控制 30 ～ 50 亩。可以降低田间卵量和虫量。

（2）糖醋液诱杀。利用成虫趋化性，用糖醋液诱杀成虫。可用糖 6 份、醋 3 份、白酒 1 份、水 10 份、90% 敌百虫晶体 1 份，调匀后装在盆或罐中，挂于架下离地 0.6 ～ 1 m 处诱杀成虫。

（3）性诱剂诱杀。利用性信息素诱集，在田间悬挂斜纹夜蛾性诱剂引诱雄蛾，诱杀雄虫，降低雌雄交配，减少后代种群数量，降低田间虫量。

4.生物防治。

（1）保护利用天敌。斜纹夜蛾常见的捕食性天敌有蛙类、鸟类、螳螂和蜘蛛等，寄生性天敌有寄生蜂，如赤眼蜂等，寄生蝇，致病微生物，如真菌、病毒、寄生线虫等，应该加强保护和利用斜纹夜蛾天敌。

（2）要合理科学使用农药，选用生物性农药或高效低毒的化学农药，避免使用广谱性杀虫剂，减少对天敌的伤害。

5.药剂防治。药剂防治应掌握在 1 ～ 2 龄幼虫期，最晚不能超过 3 龄。由于幼虫白天不出来活动，喷药宜在午后及傍晚进行，喷药防治要早发现，早打药，喷药水量要足，植株基部和地面都要喷雾，且药剂要轮换使用。

（1）使用生物制剂农药防治。可选用生物性杀虫剂，如 Bt 乳剂或青虫菌六号液剂 500 ～ 800 倍液，或 20% 灭幼脲一号胶悬剂 500 ～ 1 000 倍液，或 25% 灭幼脲三号胶悬剂 500 ～ 1 000 倍液，或斜纹夜蛾核型多角体病毒 200 亿 PIB/ 克水分散粒剂 10 000 ～ 15 000 倍液喷施等。但此类药剂作用缓慢，应根据田间害虫发生情况提早喷洒。

（2）使用化学农药防治。可选用高效低毒的化学药剂如 1.8% 阿维菌素乳油 2 000 倍液，或 20% 氰戊菊酯乳油 1 000 ～ 1 500 倍液，或 2.5% 高效氯氟氰菊酯乳油 1 500 ～ 2 000 倍液，或 2.5% 溴氰菊酯乳油 1 500 ～ 2 000 倍液，或 48% 毒死蜱乳油 1 000 ～ 1 500 倍液，或 80% 敌敌畏乳油 1 500 倍液等。严禁使用禁用限用农药，严格按照农药安全间隔期的规定用药。

十二、黄斑卷叶蛾

黄斑卷叶蛾（*Acleris fimbriana* Thunberg）又名黄斑长翅卷蛾。全国各地均有发生，主要危害猕猴桃、苹果、桃、杏、李、山楂等果树的叶片，在猕猴桃上偶发危害。

（一）危害症状

黄斑卷叶蛾幼虫吐丝连结数叶，或将叶片沿主脉间正面纵折，藏于其间取食危害，常造成大量落叶，有时还会损伤果皮，影响当年果实质量和来年花芽的形成。

（二）识别特征

1. 成虫：体长 7 ～ 9 mm，翅展 17 ～ 21 mm。分夏型和冬型两种：夏型的头、胸部和前翅金黄色，翅面有分散的银白色竖起的鳞片丛，后翅灰白色，缘毛黄白色，复眼红色；冬型的头、胸部和前翅暗褐色，散生有黑色或褐色鳞片，后翅灰褐色，复眼黑色。

2. 卵：扁椭圆形，长约 0.8 mm，淡黄白色，半透明，近孵化时，表面有一红圈。

3. 幼虫：老熟幼虫体长 22 mm，体黄绿色，头黄褐色。

4. 蛹：黑褐色，长 9 ～ 11 mm，头顶端有一向后弯曲角状突起，基部两侧各有 2 个瘤状突起。

图 2-101 黄斑卷叶蛾

（三）生活史及习性

黄斑卷叶蛾 1 年发生 3 ～ 4 代。以冬型成虫在杂草、落叶及向阳处的砖石缝隙中越冬。次年 3 月上旬花芽萌动时出蛰活动，3 月下旬至 4 月初为出蛰盛期。第 1 代发生期为 6 月上旬，第 2 代在 7 月下旬至 8 月上旬，第 3 代在 8 月下旬至 9 月上旬，第 4 代在 10 月中旬。第 1 代初孵幼虫危害花芽或芽的基部。展叶后，吐丝卷叶成簇或沿主脉向正面纵卷，在其中食害。幼虫 5 龄，1 ～ 2 龄幼虫啃食叶肉，残留表皮，3 龄后蚕食叶片，仅剩叶柄，可以多片叶子卷在

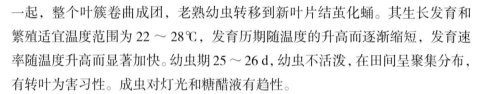

一起，整个叶簇卷曲成团，老熟幼虫转移到新叶片结茧化蛹。其生长发育和繁殖适宜温度范围为 22～28℃，发育历期随温度的升高而逐渐缩短，发育速率随温度升高而显著加快。幼虫期 25～26 d，幼虫不活泼，在田间呈聚集分布，有转叶为害习性。成虫对灯光和糖醋液有趋性。

（四）防控技术

1. 消灭越冬虫源。冬季结合冬剪，剪除病虫枝，清理果园杂草、落叶，集中处理，消灭越冬成虫。

2. 人工捕杀。依据卷叶蛾卷叶便于查找的特点，在各代幼虫危害期，及时人工摘除卷叶，人工捕杀卷叶的幼虫。

3. 诱杀。

（1）灯光诱杀。利用成虫的趋光性，悬挂频振式杀虫灯或黑光灯对成虫进行诱杀。

（2）糖醋液诱杀。利用成虫趋化性，用糖醋液诱杀成虫。可用糖 6 份、醋 3 份、白酒 1 份、水 10 份、90% 敌百虫晶体 1 份，调匀后装在离地 0.6～1 m 的盆或罐中，置于田间诱杀成虫。

4. 生物防治。黄斑卷叶蛾的天敌有赤眼蜂、黑绒茧蜂、瘤姬蜂等，要做好保护利用，选用高效低毒农药防治。

5. 药剂防治。幼虫初孵到开始卷叶是药剂防治的关键时期，即 1～2 代卵孵化盛期和初龄幼虫期，大约在 4 月上中旬和 6 月中旬。2 龄以后幼虫潜藏于虫苞内，防治效果不理想。可选用 2.5% 高效氯氟氰菊酯乳油 1 500～2 000 倍液，或 1.8% 阿维菌素乳油 1 000～2 000 倍液，或 4.5% 高效氯氰菊酯乳油 2 500～3 000 倍液，或 25% 灭幼脲三号胶悬剂 500～1 000 倍液，或 80% 敌敌畏乳油 1 500 倍液等。

十三、苹小卷叶蛾

苹小卷叶蛾（*Adoxophyes orana* Fisher von Roslersta），又叫苹卷蛾、黄小卷叶蛾、溜皮虫，属于鳞翅目卷叶蛾科昆虫。主要危害苹果、梨、山楂、桃、杏、李和樱桃等多种果树，分布很广，遍及东北、华北、华中、西北、西南等地区，全国各果品产区都有危害。在猕猴桃上零星发生危害，局部危害严重。

（一）危害症状

苹小卷叶蛾幼虫可以蛀食新芽、嫩叶、花蕾，幼虫吐丝缀连叶片，吐丝将2～3张叶片缀连在一起，潜居缀叶中食害，将叶片吃成网状或缺刻，新叶受害严重。当果实稍大常将叶片缀连在果实上，幼虫也会啃食果皮及果肉，形成疤果、凹痕等残次果。

（二）识别特征

1. 成虫：体长6～8 mm，翅展13～23 mm，黄褐色。前翅长方形，基斑、中带和端纹明显，中带由中部向后缘分权，呈"h"形，即前缘向后缘和外缘角有两条浓褐色斜纹，其中一条自前缘向后缘达到翅中央部分时明显加宽。前翅后缘肩角处，及前缘近顶角处各有一小的褐色纹。

2. 卵：扁平椭圆形，淡黄色半透明，多数常30～70卵粒排成鱼鳞状卵块。

3. 幼虫：体长13～15 mm，体细长，整个虫体两头尖，头较小。体翠绿色或黄绿色，小幼虫黄绿色，大幼虫翠绿色。

4. 蛹：体长约10 mm，黄褐色，腹部背面每节有刺突两排，前排大而稀，下面一排小而密，尾端有8根钩状刺毛。

（三）生活史及习性

苹小卷叶蛾1年发生3～4代，陕西关中地区1年发生4代。以幼龄幼虫在粗翘皮下、剪锯口周缘裂缝中结白色薄茧越冬。翌年萌芽后出蛰，爬到新树梢危害幼芽、幼叶、花蕾和嫩梢，造成芽枯，影响抽枝开花和结果，展叶后幼虫吐丝缀叶卷成"虫包"居内为害。幼虫3龄后有转移为害习性，幼虫非常活泼，受惊吓时迅速扭

图2-102 苹小卷叶蛾

动从卷叶内脱出吐丝下垂。长大后则多卷叶为害，老熟幼虫在卷叶中结茧化蛹。3代发生区，6月中旬越冬代成虫羽化，7月下旬第1代羽化，9月上旬第2代羽化；4代发生区，越冬代为5月下旬、第1代为6月末至7月初、第2代在8月上旬、第3代在9月中旬羽化。成虫昼伏夜出，有趋光性和趋化性，对果醋和糖醋都有较强的趋性。幼虫也可蛀果，有转果为害习性，一头幼虫可转果为害果实6～8个。

（四）预测预报

1. 幼虫出蛰期预报。4月末开始在不同地势选择5～10株树，在树上标定50～100个越冬虫茧编号。每天观察统计1次幼虫出蛰情况，当幼虫出蛰率达到60%时即预报防治。

2. 成虫期预报。有2种方法进行预测预报。

（1）实地调查监测。在果园随机摘取"虫包"30个，观察记录化蛹和空蛹情况，当蛹羽化成虫率达到50%时即预报防治。

（2）性诱剂诱集预测。将苹果小卷叶蛾性诱剂固定在放有洗衣粉水的小塑料盆上，距水面1 cm，挂在树的中部距离地面1.5 m处，每天观察统计诱捕的成虫数，并捞出诱捕的成虫，及时换水。诱捕成虫达到高峰期时，预报延后3 d进行防治。

（五）防控技术

1. 消灭越冬虫源。

（1）冬春季刮除老翘皮、剪锯口周围死皮组织等消灭越冬幼虫。

（2）9～10月份果树绑诱虫带或草把等，诱集幼虫越冬，初春及时集中销毁。

2. 人工摘除虫苞。从越冬代幼虫开始卷叶为害后，及时检查，发现有害虫卷叶危害时，人工摘除虫苞，并集中销毁。

3. 诱杀。

（1）糖醋液诱杀。利用成虫的趋化性，果园悬挂糖醋液进行诱杀。

（2）灯光诱杀。利用成虫的趋光性，用黑光灯或频振式杀虫灯诱杀成虫。

（3）性诱剂诱杀。果园设置苹果小卷叶蛾性信息素诱捕器，直接诱杀雄虫。采用"迷向法"阻碍雌雄蛾交配，杜绝交尾繁殖。可以在果园的东南西北树上悬挂性诱剂诱芯，一般每亩放置6～10个诱芯，使果园弥漫雌性性信息素气味，导致雄虫找不到雌虫而影响交配繁殖。

4. 生物防治。

（1）释放赤眼蜂。成虫发生期释放松毛虫赤眼蜂，一般每隔6 d放蜂1次，连续放4～5次，每公顷放蜂约150万头，可以基本控制危害。

（2）喷施生物性农药或低毒高效化学农药，保护天敌生物。

5. 药剂防治。

（1）在早春刮除树干、主侧枝的老皮、翘皮和剪锯口周缘的裂皮等后，用 80% 敌敌畏乳油 300 ～ 500 倍液涂刷剪锯口，杀死其中的越冬幼虫。

（2）越冬成虫出蛰期、第 1 代卵孵化盛期及低龄幼虫期是防治的关键时期，根据果园监测情况，及时喷药防治。可选用 95% 的敌百虫 1 000 ～ 2 000 倍液，或 50% 敌百虫 800 ～ 1 000 倍液、20% 氰戊菊酯乳油 1 500 倍液，或 1.8% 阿维菌素乳油 1 000 ～ 2 000 倍液，或 5% 高效氯氰菊酯乳油 1 500 倍液等进行防治。也可选用 Bt 乳剂或 25% 灭幼脲悬浮剂 3 号 1 000 ～ 1 500 倍液等生物制剂防治。注意不要在坐果前后使用，以免发生药害。同时要注意轮换用药，以避免害虫产生抗药性，以提高防治效果。

十四、葡萄天蛾

葡萄天蛾（*Ampelophaga rubiginosa* Bremer et Grey），属鳞翅目天蛾科，又名葡萄车天蛾、轮纹天蛾、葡萄红线天蛾。分布于辽宁、河北、山东、山西、江苏、河南、陕西、湖南、湖北、江西、广东、广西等地。寄主有葡萄、猕猴桃、爬山虎、地锦等园林植物。在猕猴桃上常见危害猕猴桃叶片等。

（一）危害症状

葡萄天蛾主要以幼虫为害，以幼虫取食猕猴桃叶片，初龄幼虫常将叶片食成缺刻与孔洞，稍大后则危害叶片成光秃，或仅留叶柄或部分粗叶脉，严重影响产量与树势。

图 2-103 葡萄天蛾危害状

（二）识别特征

1. 成虫：体长 45 ～ 90 mm，翅展 85 ～ 100 mm。体肥大呈纺锤形，体翅茶褐色。背面色暗，腹面色淡近土黄色。体背中央自前胸到腹端有 1 条灰白色纵线。触角短粗栉齿状。复眼球形暗褐色，复眼后至前翅基部有 1 条灰白色纵带。前翅顶角突出，各横线均为暗茶褐色，中横线较粗而弯曲，内横线次之，外横线较细呈波浪纹状。顶角前缘有一暗色三角形斑，斑下角亚端线，亚端线波浪状较外线宽，近外缘有不明显的棕褐色带。后翅黑褐色，周缘棕褐色，外缘及后角附近各有茶褐色横带 1 条。缘毛色稍红。

2. 卵：球形，直径约为 1.5 mm，表面光滑。淡绿色，孵化前淡黄绿色。

3. 幼虫：老熟体长约 80 mm，绿色，背面色较淡。体表布有横条纹和黄色颗粒状小点。头部有两对近于平行的黄白色纵线，分别于蜕裂线两侧和触角之上，均达头顶。胸足红褐色，基部外侧黑色，端部外侧白色，基部上方各有 1 黄色斑点。前、中胸较细小，后胸和第 1 腹节较粗大。第 8 腹节背面中央具 1 锥状尾角。亚背线止于尾角两侧，第 2 腹节前黄白色，其后白色，前端与头部颊区纵线相接。中胸至第 7 腹节两侧各有 1 条由前下方斜向后上方伸的黄白色斜线，与亚背线相接，第 1～7 腹节背面前缘中央各有 1 深绿色点，其两侧各具 1 黄白色斜短线，于各腹节前半部，呈"八"字形。气门生于前胸和 1～8 腹节，9 对，气门片红褐色。臀板边缘淡黄色。化蛹前有的个体呈淡茶色。

4. 蛹：长 45～55 mm，长纺锤形。初灰绿色，后背面渐变为棕褐色，腹面暗绿色，足与翅芽上有黑色点线。头顶有 1 卵圆形黑斑，气门处有 1 个黑褐色斑点。翅芽与后足等长，达第 4 腹节后缘。触角稍短于前足，第 8 腹节背面有 1 个尾角圆痕。气门椭圆形，黑褐色，可见 7 对，位于 2～8 腹节两侧。臀刺较尖。

图 2-104　葡萄天蛾成虫

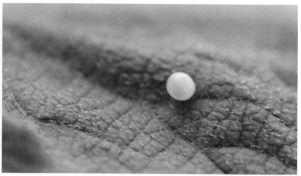

图 2-105　葡萄天蛾卵

图 2-106　葡萄天蛾幼虫

图 2-107　葡萄天蛾蛹

（三）生活史及习性

葡萄天蛾1年发生1～2代，以蛹在土深3～7 cm的土室内越冬。翌年5月中旬至5月底羽化，6月上中旬为羽化盛期。成虫昼伏夜出，有趋光性，羽化后多在傍晚交尾产卵，散产于叶面与嫩枝上，多散产于嫩梢或叶背，单雌产卵155～180粒，卵期6～8 d左右。6月中下旬出现第1代幼虫，多于叶背主脉或叶柄上栖息，夜晚取食，白天静伏，栖息时以腹足抱持枝或叶柄，头胸部收缩稍扬起，后胸和第一腹节显著膨大。受触动时，头胸部左右摆动，口器分泌出绿水。幼虫活动迟缓，一枝叶片食光后再转移邻近枝。幼虫期40～50 d，7月中旬幼虫陆续老熟入土化蛹，蛹期10余天。8月上旬可见2代幼虫为害。9月下旬至10月上旬，幼虫入土化蛹越冬。

（四）防控技术

1. 农业防治。结合秋施基肥，挖除越冬蛹，或深翻园内土地，深埋越冬蛹。

2. 人工捕杀。幼虫发生期，结合田间管理，利用幼虫受惊易掉落的习性，将其振落捕杀，或根据地面和叶片的虫粪和碎叶片，人工捕杀果园幼虫，或在成虫羽化期每天下午4～6时捕捉刚羽化的成虫，防效甚好。

3. 灯光诱杀。成虫发生期设置黑光灯或频振式杀虫灯进行灯光诱杀成虫。

4. 化学防治。幼虫孵化初期或低龄幼虫期用药防治。可以喷施20%除虫脲悬浮剂3 000～3 500倍液，或25%灭幼脲悬浮剂2 000～2 500倍液，或50%辛硫磷乳油1 000～1 500倍液，或40%毒死蜱等乳油1 000倍液，2.5%高效氯氟氰菊酯乳油2 000～3 000倍液，或2.5%溴氰菊酯2 000～3 000倍液，或20%氰戊菊酯乳油2 000倍液，或2.2%甲维盐乳剂1500倍液，或90%敌百虫晶体1 000倍液等，也可施用16 000 IU/mg的BT可湿性粉剂1 000～1 200倍液。

十五、柳蝙蝠蛾

柳蝙蝠蛾（*Phassus excrescens* Butler）又称疣纹蝙蝠蛾、东方蝙蝠蛾等，属鳞翅目蝙蝠蛾科，是一种大型钻蛀性蛾类害虫。食性杂，可危害连翘、丁香、银杏、北五味子、山楂、花椒、苹果、梨、桃、樱桃、葡萄、枇杷、猕猴桃、杏、柿、石榴、栎、柳、刺槐、桐、椿树、赪桐、白桦、枫杨、卫矛、鼠李、接骨木、啤酒花、线麻、玉米、茄子等多种药用植物、果树、林木、农作物和草本植物等。在猕猴桃种植产区普遍发生，其中以长江流域为害最普遍，造成的损失严重。

（一）危害症状

柳蝙蝠蛾以幼虫在树干基部和主蔓基部皮层及木质部钻蛀坑道蛀食，蛀道口常呈凹陷环形，蛀孔处常畸形膨大，并排出大量粪便与木屑堆积孔外，并由丝网粘满木屑，形成木屑包。严重影响上下营养物质的疏导，轻者则削弱树势，重时造成地上部枝干枯死或遇风易折，严重的引起植株死亡。同时危害地下靠近根部的木质部表皮层，造成伤口引起根腐病等，加重危害。

图 2-108　柳蝙蛾危害猕猴桃主干　　　图 2-109　柳蝙蛾危害猕猴桃枝条

（二）识别特征

1. 成虫：体长 32 ～ 44 mm，翅展 66 ～ 72 mm，体色变化较大，多为茶褐色，刚羽化绿褐色，渐变粉褐色，后茶褐色。触角短线状。复眼黑色鼓出。前翅前缘有 7 半环形斑纹，中央有 1 个黄褐色稍带绿色的三角形大斑，外缘有并列的模糊的弧形斑组成的宽横带，直达后缘。后翅狭小，暗褐色，无明显斑纹，腹部长大。前足及中足发达，爪较长，借以攀缘物体。雄蛾后足腿节背面密生橙黄色刷状长毛，雌蛾则无。

2. 卵：近圆形，长约 0.5 mm，宽约 0.4 mm，初产时乳白色，后变黑色，表面光滑微具光泽。

3.幼虫：老熟幼虫体长50～80 mm，头部褐色，体白色略带黄色，胸、腹部污白色，有光泽，圆筒形，各体节分布有硬化的黄褐色瘤状突似毛片。前胸盾淡褐至黄褐色，气门黄褐色，围气门片暗黑色，胸足3对，腹足俱全。

4.蛹：雌蛹体长平均30 mm左右，雄蛹体长平均35 mm左右，圆筒形，黄褐色，头顶深褐色，中央隆起，形成一条纵脊，两侧生有数根刚毛。触角上方中央有4个角状突起。腹部背面第3～7节有向后着生的倒刺两列，腹面第4～6节生有波纹状向后着生的倒刺1列，第7节有2列，但后列的中央间断，

图2-110　柳蝙蝠蛾幼虫

第8节有中央间断的倒刺，多形成突起状。雌蛹腹部较硬，生殖孔着生于第8节和第9节中央，形成一条纵缝，雄蛹腹部较软，生殖孔着生于第9腹节中央，两侧有1指状突起。

（三）生活史及习性

柳蝙蝠蛾大多1年发生1代，以卵在地面或幼虫在枝干隧道内越冬。翌年4月中旬至5月中旬卵孵化，初龄幼虫以腐殖质为食，2～3龄后转向主干或主蔓。8月上旬至9月下旬化蛹，化蛹前，虫包囊增大，颜色变成棕褐色，先咬一圆孔，并在虫道口用丝盖物堵在孔口。成虫于8月下旬出现，9月中旬为羽化盛期，10月中旬为末期。成虫寿命雄虫平均寿命9.8 d，雌虫18.2 d。成虫羽化后即开始交尾产卵，单雌平均产卵2 738粒。以卵越冬，卵期较长，平均241 d。

幼虫敏捷活泼，受惊扰便急忙后退或吐丝下垂。蛀入时先吐丝结网将虫体隐蔽，然后边蛀食边将咬下的木屑送出洞外粘在丝网上，最后连缀成网包将洞口掩盖。有时先在枝干上取食一圈或半圈再蛀入髓部，似环割状。蛀入枝干后，大多向下钻蛀，坑道内壁光滑，幼虫经常啃食坑道口周围的边材，坑道口常呈现环形凹陷，故易于风折。幼虫喜阴暗怕强光，多在夜间7点钟开始活动取食，白天多身体缩短潜藏于蛀孔内。幼虫蛀入蛀孔直到羽化

出洞。当粪包破坏后幼虫会在黄昏活动时吐丝咬木屑粘连成网，又做一木屑包继续在里面为害。幼虫期间较长，历时 3 ～ 4 个月。化蛹期老熟幼虫停止取食，不再爬出坑道口活动，并在近坑道口处吐丝做一个白色薄膜封闭坑道，然后在坑道底头部向上化蛹，近羽化时蛹变成棕褐色。由于体节生有倒刺，蛹在坑道中借腹部的蠕动，可上下活动自如。中午常见蠕动至坑道口的蛹体，受惊扰后便迅速退入坑道中。成虫昼伏夜出，具趋光性。多集中于午后羽化，羽化时蛹一半在蛀孔外，一半在蛀孔内，成虫从蛹头顶三角形片部位脱出。

管理粗放、生长不良的果园受害严重，山脚、山谷受害重，背风处比迎风处受害重，阴坡比阳坡受害重。幼龄树比老龄树受害重；靠近悬钩子、黄荆、苹果、梨、葡萄、板栗等受害重。

（四）防控技术

1.农业防治。及时清除园内杂草及果园周围的阔叶混杂灌木丛，集中深埋或烧毁。结合冬季修剪，及时剪除被害枝，将病枝、落叶集中带出园外烧毁或掩埋。发现蛀孔，可以使用带倒钩的细铁丝，伸入蛀孔内钩杀幼虫，并处理蛀孔洞。

2.灯光诱杀。成虫具趋光性，成虫发生期，悬挂频振式杀虫灯、黑光灯或高压汞灯等诱捕成虫。

3.生物防治。注意保护食虫鸟、捕食或寄生性昆虫（螨）类，可通过保护天敌，防治柳蝙蝠蛾的发生。

4.化学防治。

（1）喷药防治。5月中旬至6月上旬是初孵幼虫在地表活动和转移上树前期，是抓紧地面防治和树干基部喷药防治的关键期。在初龄幼虫地表活动期与上树前，及时喷药防治。可以选用10% 溴氰氯菊酯乳油 2 000 倍液，或 50% 辛硫磷乳油 1 000 倍液，或 40% 毒死蜱乳油 1 000 倍液，或 4.5% 高效氯氰菊酯乳油 2 000 倍液防治等，在树冠下地面和树干基部喷药进行防治。

（2）药剂处理蛀孔。生长季节蛀干后，经常检查，清除树干基部的虫包，及时药剂处理蛀孔。可以用 50% 敌敌畏乳油 50 倍液，或 4.5% 高效氯氰菊酯乳油 200 倍液灌入虫孔或用棉球蘸药液塞入蛀孔，或用磷化铝片剂每孔塞入 0.1 g，然后再用湿泥土堵住洞口，毒杀蛀孔内幼虫。

十六、猕猴桃准透翅蛾

猕猴桃准透翅蛾（*Paranthrene actinidiae* Yang et Wang）属鳞翅目透翅蛾科准透翅蛾亚科准透翅蛾属，是严重危害猕猴桃的一种新的蛀干害虫，在福建、湖北、江西、贵州、四川等省均有分布，主要危害中华猕猴桃和毛花猕猴桃。

（一）危害症状

初孵幼虫蛀入后，嫩芽坏死，枝梢枯萎，随后自蛀口爬出沿枝梢向下再蛀入为害。3～4龄幼虫直接侵蛀粗的枝条或主干。蛀入孔有白色胶状树液外流。蛀入后先在木质部和韧皮部绕枝干蛀环形蛀道，蛀口附近增生为瘤状虫瘿，外皮裂开。在枝干纵向将木质部和髓心蛀食殆尽，仅存树皮，受害处易折断，造成枯枝或风折，甚至整株枯死。

（二）识别特征

1. 成虫：体型较大，形似胡蜂。雄蛾体长19～21 mm，翅展37～40 mm，前翅透明，烟黄色，雌蛾体长22～24 mm，翅展45～48 mm，前翅不透明，被黄褐色鳞片。后翅均透明，略带淡烟黄色。

2. 卵：初产浅褐色，椭圆形，中部微凹，密布不规则多边形小刻纹。孵化时棕褐色，不透明。大小为（1.8～2.1）mm×（1.4～1.54）mm。

3. 幼虫：6龄，初孵幼虫体长2.8～3.0 mm，黄白色，老熟幼虫体长21.6～30.6 mm，灰褐色，体表仅有稀疏黄褐色原生刚毛。

4. 蛹：体长24～29 mm，纺锤形，黄褐色，腹部末端钝圆，密布放射状雕纹。

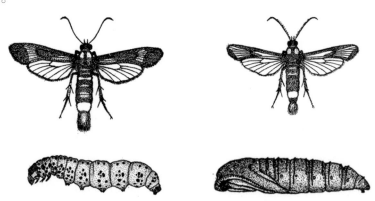

图 2-111　猕猴桃准透翅蛾雌蛾（上左）、雄蛾（上右）及幼虫（下左）与蛹（下右）
（仿张乐华，1991）

（三）生活史及习性

猕猴桃准透翅蛾1年1代，以3～4龄幼虫在枝条蛀道中越冬。越冬幼虫出蛰后转枝为害，一般出蛰转枝迁移1次。转枝蛀害盛期在3月上中旬的萌芽期。7月下旬开始羽化，8月下旬至9月上旬为羽化盛期。蛀入后旋即有白色胶状树液自蛀口流出，翌月可见蛀口有褐色虫粪及碎屑堆积在细枝上。成虫白天活动，夜间静伏于枝条、叶片及杂草丛，趋光性弱。交配多在晴天上午9～11时。卵散产在边缘及分散株的小枝，大多产于叶背。单雌产卵平均近百粒左右。幼虫6龄，孵化后幼虫直接侵入髓部并向上凿蛀，导致蛀口上部枝条干枯，继而转向下段活枝条侵蛀。3～4龄幼虫直接侵蛀粗壮枝干，在蛀口处附近形成瘤状虫瘿。树龄5年生以上受害严重，离地30 cm处主干围径超15 cm的植株被害株率可达100%。危害中华猕猴桃和毛花猕猴桃，毛花猕猴桃受害轻。

（四）防控技术

1.结合冬季清园修剪，剪除虫枝，压低越冬虫源。夏季发现嫩梢被害及时剪除，杀灭低龄幼虫，减少后期转枝危害。或于8月产卵高峰期结合田间管理人工采卵捕杀。

2.药剂防治。

（1）在春季猕猴桃展叶前及时喷药保护。在幼虫出蛰转枝之前，春季萌芽前的伤流期是最佳防治期。可选用90%晶体敌百虫1 000倍液、80%敌敌畏乳油1 000倍液、1.8%阿维菌素乳油2 500～3 000倍液、2.5%溴氰菊酯乳油2 000倍液等药剂。

（2）封堵蛀孔防治。根据蛀孔外堆有粪屑的特点寻找蛀孔，用注射器将80%敌敌畏乳油50倍液注入蛀孔，用泥封闭熏杀幼虫。

十七、葡萄透翅蛾

葡萄透翅蛾（*Parathrene regalis* Butler）属于鳞翅目透翅蛾科，主要危害葡萄等果树，在猕猴桃上也能造成危害，主要危害猕猴桃枝条，造成断枝。

（一）危害症状

葡萄透翅蛾以幼虫蛀入嫩梢和一、二年生枝蔓内为害，使嫩梢枯死。枝蔓被害部位肿大成瘤，蛀孔处常堆有褐色虫粪。叶片发黄，枝蔓易折断，影响植株生长，长势逐渐衰弱，严重者侧枝干枯，甚至全株枯死。

（二）识别特征

1. 成虫：体外形似胡蜂，暗黑色、略有金属光泽。雄蛾体长 15 mm 左右，翅展为 29 mm 左右，触角栉齿状；雌虫体长 17 mm 左右，翅展 35 mm 左右，触角线状，雌雄触角末端均有钩。前翅前缘及翅脉为黑色，前翅被赤褐色鳞片，翅脉间膜质透明，后翅膜质透明，中室外缘横脉黄橙色，明显粗于其他脉。翅面均具明显的紫色闪光光泽。胸部背面明显具有 4 个大小相近的黄斑，分别位于中后胸背面后缘的两侧。腹部 4、5 及 6 节中部有一明显的黄色横带，以第 4 节横带最宽。雄虫腹末两侧各有 1 束黑色长毛，雌虫无。

2. 卵：长约 1 mm，椭圆形，表面光滑，紫褐色。

3. 幼虫：幼虫共 5 龄，初孵幼虫体长约 15 mm，老熟幼虫体长 38 mm 左右，全体略呈圆筒形。头部红褐色，口器黑色，胸腹部黄白色，老熟时带紫红色。前胸背板有倒"八"形纹，前方色淡。

4. 蛹：体长 18 mm 左右，初期淡黄色，后渐为深棕褐色，圆筒形，腹部第 3 ～ 6 节背面有刺 2 行，第 7 ～ 8 节 1 行，末节腹面有刺 1 列。

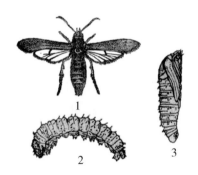

图 2-112　葡萄透翅蛾
（1. 成虫 2. 幼虫 3. 蛹）

（三）生活史及习性

葡萄透翅蛾 1 年生 1 代，主要是以老幼虫在被害的枝蔓髓心部越冬，4 ～ 5 月在圆形羽化孔化蛹，6 月上旬至 7 月上旬羽化成虫。北方蛹期约 30 d。成虫羽化后蛹皮仍留在羽化孔处，成虫有趋光性，多在夜间羽化。羽化时，蛹皮一半在羽化孔外，一半在羽化孔内。卵散产于新梢上，卵期约 10 d。孵化后幼虫多由叶柄蛀入新梢。当年嫩茎蛀空后转害其他枝条或粗茎。5 月下旬至 7 月上旬幼虫危害当年生嫩蔓，7 月中旬至 9 月下旬危害二年生以上老蔓，10 月中旬以老熟幼虫越冬。管理粗放的果园发生较严重。

（四）防控技术

1. 消灭越冬虫源。冬剪时剪除被害枝蔓，带出果园烧毁，减少虫源。

2. 人工捕杀。猕猴桃生长期发现新梢叶片枯萎且有虫粪排出或膨大的及时剪除。在 6 ～ 7 月发现有蛀孔或虫粪时，用铁丝刺死幼虫。

3. 诱杀。利用趋光性，悬挂频振式杀虫灯或黑光灯诱杀。

4. 保护和利用天敌。

5. 药剂防治。在 5 ～ 7 月成虫期和卵孵化期喷及时喷洒杀虫剂防治。可用 2.5% 高效氯氟氰菊酯乳油 2 000 ～ 3 000 倍液，或 2.5% 溴氰菊酯 2 000 ～ 3 000 倍液，或 20% 氰戊菊酯乳油 2 000 倍液，或 1.8% 阿维菌素乳油 2 000 ～ 3 000 倍液等。8、9 月份幼虫在粗茎内为害期人工刺杀幼虫，或给虫孔注入 50% 敌敌畏 1 000 倍液，用泥封闭蛀孔熏杀幼虫。

十八、五点木蛾

五点木蛾（*Odites isshiki* Takahashi）亦称梅木蛾，樱桃木蛾，为栽培猕猴桃重要害虫，多食性，属于偶发性、暴食性害虫。在关中地区还危害苹果、樱桃、梨、葡萄等多种果树。

（一）危害症状

五点木蛾初孵幼虫在叶上构筑"一"字形隧道，居中潜叶取食叶片组织，2 ～ 3 龄幼虫钻出隧道，将叶边缘横切一段，吐丝纵卷成长约 1 cm 左右的虫苞，幼虫潜藏其中取食，虫苞两端的叶组织成缺刻状，叶片几乎吃光后才转叶危害，发生严重时，叶片破碎。

（二）识别特征

1. 成虫：体长 6 ～ 7 mm，翅展 16 ～ 20 mm，体黄白色，下唇须长、上弯，复眼黑色，触角丝状，头部具白鳞毛，前胸背板覆灰白色鳞毛，端部具黑斑 1 个。前翅灰白色，近翅基近中室中部上下各有 1 个相距很近的近圆形黑斑，与胸部黑斑组成明显的 5 个大黑斑点，故得名五点木蛾。前翅外缘具小黑点一列。后翅灰白色。翅缘毛较长而细密。

2. 卵：长圆形，长约 0.5 mm，宽约 0.4 mm，初产时米黄色，后变至淡黄色，最后呈橘黄色。卵面具细密的突起花纹。

3. 幼虫：老熟幼虫体长 14 ～ 18 mm，头、前胸背板赤褐色，头壳隆起具光泽。体色绿色，前胸足黑色，中、后足淡褐色，腹足 5 对。

4.蛹：长约 7.5～9.5 mm，赤褐色，有光泽。头顶部有 1 个表面凸凹不平的球状突起物。腹部从第 4 节开始向腹面弯曲，并可扭动。臀棘横向宽大，两侧各有 1 个倒钩形刺状突，并着生多数细刚毛。

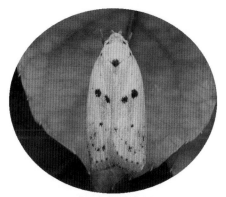

图 2-113　五点木蛾成虫

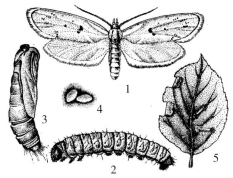

图 2-114　五点木蛾
（1.成虫、2.幼虫、3.蛹、4.卵、5.危害状）

（三）生活史及习性

五点木蛾秦岭北麓 1 年发生 3 代，第 3 代初龄幼虫于 10 月底到 11 月初在寄主树粗皮裂缝处结成小薄茧越冬。翌年 4 月上旬出蛰，爬至幼芽处取食危害新叶，4 月下旬至 5 月中旬为幼虫危害盛期，5 月中旬开始化蛹，第 1 代幼虫危害盛期为 6 月中旬至 7 月中下旬。第 2 代幼虫危害期为 7 月下旬至 9 月中旬，各虫期发生不整齐，持续时间较长。第 3 代幼虫于 9 月中旬至 10 月中旬出现，10 月下旬至 10 月底幼虫开始孵出，初龄幼虫即寻找越冬场所，作薄茧开始越冬。

初孵幼虫具潜叶性，幼虫喜阴暗怕强光，多在夜间活动取食，白天多潜藏于虫苞中取食两端的叶组织。可转叶危害。受惊后可爬至虫苞外面取食或剧烈扭动身体，吐丝下垂。卷叶后一般在叶片几乎吃光后才转叶危害。幼虫老熟后，隐藏在筒状叶苞内吐丝粘连叶苞开口经 1～1.5 d 化蛹。初蛹淡黄色，2～3 d 后变深褐色，蛹平均历期约为 7.9 d。成虫羽化多在傍晚，白天喜阴暗怕强光，有趋光性。卵多产在叶背，单粒散产，相对集中。平均单雌产卵量 250 粒左右。

猕猴桃不同品种间受害有明显差别，秦美受害最重，秦翠次之，海沃德较轻。同一品种树冠中部叶片受害率和虫口数显著高于上部叶片，亦高于下部叶片。一般与樱桃等果树混栽或相邻种植时危害较重。

（四）防控技术

1.农业防治。根据该虫是以初龄幼虫在寄主粗皮裂缝中越冬，冬季或早春刮除树皮、翘皮，消灭越冬幼虫，以压低虫口基数。幼虫发生期，及时检查，摘除带虫苞的叶片，带出果园集中销毁。

2.诱杀。利用害虫趋光性，在成虫发生高峰期悬挂频振式杀虫灯、黑光灯或高压汞灯等诱捕成虫。

3.化学防治。在产卵期和初龄幼虫期用药效果最好。越冬幼虫在剪锯口处越冬，可在出蛰初期用90%晶体敌百虫200倍液或50%敌敌畏乳油200～500倍液涂抹剪锯口，消灭其中越冬幼虫，即封闭出蛰前的越冬幼虫。发芽期初龄幼虫出蛰转移危害之时，喷洒2.5%高效氯氟氰菊酯乳油1 500～2 000倍液，或2.5%溴氰菊酯乳油1 500～2 000倍液，或1.8%阿维菌素乳油2 500～3 000倍液，或48%毒死蜱乳油2 000倍液，或5%氰戊菊酯乳油2 000倍液杀灭幼虫。

十九、大灰象甲

大灰象甲（*Sympiezonias velatus* Chevrolat）又叫大灰象，属鞘翅目象虫科。可以危害棉花、烟草、玉米、花生、瓜类、豆类、麻类、洋槐、桑、加拿大杨等。在猕猴桃上偶有发生危害。

（一）危害症状

在猕猴桃生产上，大灰象主要以成虫为害嫩叶和叶片，用短喙咬食成不规则圆形缺刻或孔洞，严重时整株叶片全被食。

图 2-115　大灰象甲

（二）识别特征

1. 成虫：体长 7 ～ 12 mm，体灰黄色或灰黑色，密被灰白色和褐色鳞片。头管粗，延长呈喙状，触角膝状。前胸卵圆形，在中央和两侧形成 3 条褐色纵纹。鞘翅卵圆形，末端尖锐，其上有不规则的黑褐色纹，略呈 "Ω" 形，两鞘翅上各有 10 条纵列刻点。小盾片半圆形。

2. 卵：椭圆形，长约 1 mm 左右，初产时乳白色，两端透明，近孵化时变为乳黄色。

3. 幼虫：老熟时体长约 14 mm，头黄褐色，体乳白色。

4. 蛹：体长 9 ～ 10 mm，长椭圆形，乳黄色。

（三）生活史及习性

大灰象甲 2 年 1 代，以成虫、幼虫隔年交替在土中越冬。越冬成虫 4 月上旬开始上树为害，4 月下旬至 5 月初出现高峰，雌虫于 5 月下旬开始产卵，成虫把叶片沿尖端从两侧向内折合，将叶粘成饺子形，卵产于折叶内。每次产卵数十粒，黏在一起成为块状。6 月下旬卵陆续孵化，幼虫孵出后落地，钻入土中，幼虫在土里取食有机质及作物须根。随温度下降，幼虫下移，筑土室越冬。翌春越冬幼虫上升表土层继续取食，至 6 月下旬陆续化蛹，7 月中、下旬羽化为成虫。新羽化的成虫当年不出土，即在原土室内越冬，直至下一年 4 月下旬以后再出土。成虫后翅退化，不能飞翔，靠爬行取食、扩散。春季中午前后活动最盛，夏季在早晨、傍晚活动，中午高温时潜伏。具群居性和假死性，受惊后缩足假死。

（四）防控技术

1. 人工防治。利用其假死性、行动迟缓、不能飞翔等特点，在成虫发生期，于上午 9 时前或下午 4 时后进行人工捕捉，先在树下周围铺塑料布，晃动树干振落后收集消灭。

2. 药剂防治。

（1）越冬成虫上树前，药剂处理地面。在成虫羽化出土盛期，于傍晚在树干周围地面喷洒 50% 辛硫磷乳油 300 倍液，或喷洒 48% 毒死蜱乳油 800 倍液，或 90% 晶体敌百虫 1 000 倍液。施药后耙匀土表或覆土，毒杀羽化出土的成虫。

（2）上树后，树上喷药防治。成虫发生期，喷洒 50% 辛硫磷乳油 1 000 倍液，或 90% 晶体敌百虫 1 000 倍液，或 20% 氰戊菊酯乳油 3 000 倍液，或喷洒 48% 毒死蜱乳油 1 000 倍液，或 1.8% 阿维菌素乳油 2 000 倍液等进行防治。

||| 软体动物 |||

二十、蜗牛

蜗牛属动物界软体动物门腹足纲柄眼目蜗牛科，是猕猴桃生产上常造成危害的软体动物之一，常常可以危害蔬菜、果实和杂草等。猕猴桃生产上常见的优势种主要为同型巴蜗牛（*Bradybaena similaris* Ferussac）和灰巴蜗牛（*Bradybaena ravida* Benson）。南方猕猴桃产区一般危害严重，北方猕猴桃产区偶发危害。

（一）危害症状

蜗牛主要取食猕猴桃幼嫩枝叶以及果实皮层。嫩叶被害后呈网状孔洞，幼果呈现不规则凹陷状疤斑，严重影响果实外观和品质。蜗牛爬过的地方常留有光亮而透明的黏液痕迹，粘在叶片、枝条、花瓣或果实上，不仅影响猕猴桃叶片的光合作用，降低植株品质，而且黏液腐生霉菌，污染叶片和果实。

图 2-116　蜗牛对猕猴桃危害状

图 2-117　蜗牛取食猕猴桃叶片正面危害状

图 2-118　蜗牛取食猕猴桃叶片背面危害状

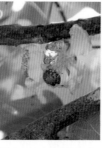

图 2-119　蜗牛危害猕猴桃花朵

图 2-120　蜗牛危害猕猴桃果实

图 2-121　蜗牛爬过留下的白色黏液　　　　图 2-122　蜗牛危害猕猴桃果实状

（二）识别特征

同型巴蜗牛和灰巴蜗牛的形态识别的主要区别在于：同型巴蜗牛较小，壳高 12 mm，宽 16 mm，壳面黄褐色或红褐色，壳顶较钝，壳口马蹄形，脐孔圆孔状，小而深；灰巴蜗牛较大，壳高 19 mm，宽 21 mm，壳面黄褐色或琥珀色，壳顶尖，壳口椭圆形，脐孔狭小，呈缝隙状。二者的形态识别特征如下：

1. 同型巴蜗牛

（1）成贝：个体之间形态变异较大。头部发达，头上具有两对触角，眼在触角的顶端，口位于头部腹面，并具有触唇。贝壳扁球形，壳质坚硬，壳高 12 mm 左右，壳宽 16 mm 左右，有 5～6 个螺层。壳顶钝，缝合线深。壳面呈黄褐色或红褐色，有稠密而细致的生长线。体螺层周缘或缝合线处常有一条暗褐色带。壳口呈马蹄形，口缘锋利，轴缘外折，遮盖部分脐孔。脐孔圆孔状，小而深。

（2）卵：圆球形，直径 2 mm，乳白色，有光泽，渐变淡黄色，近孵化时为土黄色。

图 2-123　同型巴蜗牛

（3）幼贝：外壳淡灰色，肉体乳白色，半透明，形似成螺，常群集成堆。

2. 灰巴蜗牛

（1）成贝：触角两对，其中后触角比较长，其顶端长有黑色眼睛。贝壳圆球形，壳质稍厚，壳高 19 mm，壳宽 21 mm，有 5～6 个螺层。壳顶尖，缝合线深。壳面黄褐色或琥珀色，并具有细致而稠密的生长线和螺纹。壳口呈椭圆形，口缘完整，锋利略外折，易碎；轴缘在脐孔处外折，略遮盖脐孔。脐孔狭小，呈缝隙状。

（2）卵：圆球形，直径2 mm，乳白色，有光泽，逐渐变成淡黄色，近孵化时，变成土黄色。

图2-124　灰巴蜗牛

（3）幼贝：浅褐色，体较小，形态特征与成贝相似。

（三）生活史及习性

同型巴蜗牛常与灰巴蜗牛混合发生，一年发生1代，11月下旬以成贝和幼贝在田埂土缝、残株落叶、宅前屋后的物体下越冬。翌年3月上中旬开始活动，白天潜伏，傍晚或清晨取食，遇有阴雨天多整天栖息在植株上。4月下旬到5月上中旬成贝交配，把卵成堆产在植株根茎部的湿土中，初产的卵表面具黏液，干燥后把卵粒粘在一起成块状。每个成体可产卵30～235粒。初孵幼贝多群集在一起取食，长大后分散为害。

喜好阴暗潮湿、疏松多腐殖质或植株茂密低洼潮湿的环境，昼伏夜出，忌阳光直射，忌水淹，自食生存性强，对环境敏感。生存最适温度16～30℃，最适空气湿度60%～90%。遇有高温干燥条件，蜗牛常把壳口封住，潜伏在潮湿的土缝中或茎叶下，待条件适宜时，如下雨或灌溉后，于傍晚或早晨外出取食。11月中下旬越冬。喜好阴暗潮湿，多腐殖质的环境，适应性极强；蜗牛畏光，昼伏夜出，取食多在傍晚至清晨；地面干燥或大暴雨后，沿作物树干上爬，停留在茎和叶片背面；温暖多雨天气及田间潮湿地块受害重；持续降雨天气和密植潮湿果园发生尤为严重。

（四）防控技术

1.农业防治。

（1）加强果园管理，合理修剪，提高果园的通风透光能力，降低果园的湿度。

（2）锄草松土，破坏栖息地。蜗牛于雨后大量活动，可利用其喜阴暗潮湿、畏光怕热的生活习性，在天晴后锄草松土，清除树下杂草、石块等，破坏其栖息地的环境以减轻危害。

2. 人工捕杀。清晨或阴雨天人工捕捉，集中杀灭。也可利用蜗牛白天躲藏的习性，设置蜗牛喜食的菜叶或诱饵诱集堆，在清晨捕杀诱集到的蜗牛。

3. 在蜗牛活动周围撒施生石灰或食盐。因为蜗牛表面（除了壳）有一层黏液，有利于蜗牛的运动和皮肤辅助呼吸。当撒盐或石灰后，黏液渗到体外，蜗牛运动和呼吸能力降低，使蜗牛身体萎缩，细胞缺水死亡。

4. 药剂防治。防治时期以蜗牛产卵前为宜。用茶子饼粉 3 kg 撒施或用茶子饼粉 1 ～ 1.5 kg 加水 100 kg 浸泡 24 h 后滤液喷雾。天气温暖，土表干燥的傍晚每亩用 6% 四聚乙醛杀螺粒剂 0.5 ～ 0.6 kg 或 3% 灭蜗灵颗粒剂 1.5 ～ 3 kg，拌干细土 10 ～ 15 kg 均匀撒施于受害株附近根部的行间，2 ～ 3 d 后接触药剂的蜗牛分泌大量黏液而死亡。

二十一、野蛞蝓

野蛞蝓（*Agriolimax agrestis* Linnaeus），俗称鼻涕虫，属动物界软体动物门腹足纲柄眼目蛞蝓科。雌雄同体，外表看起来像没壳的蜗牛，体表湿润有黏液。是猕猴桃生产上常造成危害的软体动物之一，南方猕猴桃产区一般危害严重，北方猕猴桃产区偶发危害。

（一）危害症状

野蛞蝓喜食萌发的幼芽及幼苗，造成缺苗断垄。也可取食叶片和果实，残留白色黏液等，直接影响果品的外观而影响果实商品价值。

图 2-125 野蛞蝓危害猕猴桃果实

（二）识别特征

1. 成体：野蛞蝓虫体体长 30 ～ 60 mm，体宽 4 ～ 6 mm，长梭形，柔软、光滑而无外壳。体表暗黑色、暗灰色、黄白色或灰红色。触角 2 对，暗黑色，下边一对前触角短，长约 1 mm，有感觉作用；上边一对后触角，长约 4 mm，端部具眼。口腔内有角质齿舌。体背前端具外套膜，为体长的 1/3，边缘卷起，其内有退化的贝壳（即盾板），上有明显的同心圆线，即生长线。同心圆线中心在外套膜后端偏右。呼吸孔在体右侧前方，其上有细小的色线环绕。黏液无色。在右触角后方约 2 mm 处为生殖孔。

2. 卵：椭圆形，韧而富有弹性，直径 2 ～ 2.5 mm。白色透明可见卵核，近孵化时色变深。

3. 幼体：幼虫体长 2～3 mm，体形同成体，但幼体颜色较浅，呈淡褐色。成虫、幼虫均分泌无色黏液。

图 2-126　野蛞蝓

（三）生活史及习性

野蛞蝓以成虫体或幼体在作物根部湿土下越冬。5 ～ 7 月在田间大量活动为害，入夏气温升高，活动减弱，秋季气候凉爽后，又活动为害。在南方每年 4 ～ 6 月和 9 ～ 11 月有 2 个活动高峰期，在北方 7 ～ 9 月为害较重。喜欢在潮湿、低洼果园为害。梅雨季节是为害盛期。一个世代约 250 d，5 ～ 7 月产卵，卵期 16 ～ 17 d，从孵化至成贝性成熟约 55 d。成贝产卵期可长达 160 d。野蛞蝓雌雄同体，异体受精，亦可同体受精繁殖。卵产于湿度大有隐蔽的土缝中，每隔 1 ～ 2 d 产 1 次，约 1 ～ 32 粒，每处产卵 10 粒左右，平均产卵量为 400 余粒。野蛞蝓怕光，强光下 2 ～ 3 h 即死亡，多在夜间活动，从傍晚开始出动，晚上 10 ～ 11 时达高峰，清晨之前潜入土中或隐蔽处。耐饥力强，在食物缺乏或不良条件下能不吃不动。适宜活动的温度为 15 ～ 25℃，相对湿度 85% 以上。阴暗潮湿的环境易于大发生。成、幼体夏季高温干旱或冬季潜入隐蔽处土下休眠。黏重土、低洼处野蛞蝓多。

（四）防控技术

1. 农业防治。　及时中耕，清洁田园，防治杂草丛生，秋季耕翻破坏其栖息环境。施用充分腐熟的有机肥，创造不适于蛞蝓发生和生存的条件。地势低洼及阴湿多雨的果园，应及时开沟排水，降低地下水位。

2. 诱杀。傍晚在危害严重的果园撒一些幼嫩的莴笋叶、白菜叶等做诱饵，清晨揭开叶片，进行人工捕杀。也可堆放喷上90%敌百虫20倍液的鲜菜叶等诱杀。

3. 驱避。危害期在植株基部撒施生石灰、食盐或草木灰等，或用草木灰或石灰撒于其体上，蛞蝓虫体上的黏液渗到体外，使其身体萎缩，细胞缺水死亡。一般生石灰每亩用5～7 kg撒施。也可于傍晚喷洒3%生石灰水或氨水100倍液毒杀成、幼体。

4. 药剂防治。可用6%四聚乙醛颗粒剂每亩500 g于傍晚撒施植株茎基部进行防治。

二十二、双线嗜黏液蛞蝓

双线嗜黏液蛞蝓[*Philomycus bilineatus* (Benson)]属动物界软体动物门腹足纲柄眼目嗜黏液蛞蝓科。分布在上海、江苏、浙江、安徽、湖南、广西、广东、云南、四川、贵州、河南、陕西、北京等地。主要危害蔬菜、花卉、草莓、农作物、食用菌和果树等多种植物。是猕猴桃生产上常发生危害的另一种蛞蝓。

（一）危害症状

双线嗜黏液蛞蝓直接啃食叶片和果实等造成损失，还分泌白色黏液污染果蔬产品，直接影响果品的外观而影响果实商品价值。

（二）识别特征

1. 成体：体长70～80 mm，宽12 mm，伸展时长可达120 mm。触角两对，体裸露，柔软无壳，长筒形，

图2-127 双线嗜黏液蛞蝓危害猕猴桃

末端狭尖，无外套膜，体色灰黑至深灰色，腹足底部为白灰色，体两侧各有一条黑褐色的纵线，全身满布腺体，分泌大量黏液。呼吸孔呈圆形，在体右侧距头部约 5 mm 处，右侧的一条色带从下方绕过呼吸孔。

2. 卵：圆球形，宽约 2～3 mm，初产为乳白色，后变灰褐色，孵化前变黑色。产于土下、土面、菜叶基部及沟渠上，呈卵堆。少的 8～9 粒，多的 20 多粒，卵粒互相黏附成块。

3. 幼体：体色较淡，灰白色，形似成体。

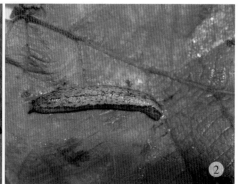

图 2-128　双线嗜黏液蛞蝓

（三）生活史及习性

双线嗜黏液蛞蝓 1 年发生 1 代，以成体在树基、土下、草丛、沟渠、植株基部等处越冬。在南方产区 2 月中旬开始活动取食，3 月中旬开始交配产卵，4 月中旬开始孵化为幼体，5～6 月为幼体发生高峰期。7～8 月干旱高温，蛞蝓潜入地下蛰伏，8 月下旬开始出现成体，9～11 月为成体高峰期。喜栖息于潮湿、多腐殖质的农田、果园等的草丛、石块下和落叶下。怕光喜阴，白天躲在荫蔽处，夜晚和阴雨天外出活动进行危害。成体产卵于湿润的表土下和土壤缝隙中，卵粘着成块，每块有卵 10 余粒。空气和土壤干燥影响卵的孵化。耐饥力强，在干旱高温期，能在土下不吃不动蛰伏存活 18～23 d。分泌黏液多，既能保持身体湿润，又能抵御外来微生物入侵。湿度大，通风透光差的果园发生严重，设施栽培田间下发生危害也较重。

（四）防控技术

双线嗜黏液蛞蝓防控技术参见野蛞蝓的防控技术措施。

第三章  自然灾害预防

全国各地猕猴桃产区不同的气候条件常常造成不同的自然灾害，对猕猴桃生产造成严重影响。比如陕西秦岭北麓猕猴桃主产区，冬季的低温冻害、春季的低温晚霜、夏季的高温强光和持续干旱等都严重困扰猕猴桃的生长。南方产区如贵州猕猴桃产区频发的冰雹，四川猕猴桃产区多发的涝灾等，都对当地猕猴桃生产产生严重威胁，造成极大的损失。频发的灾害直接影响猕猴桃的生长发育，造成严重的生理性病害，对猕猴桃生产危害极大，降低了产量和品质，严重的会严重减产，甚至造成绝收。各产区针对当地频发的自然灾害要做好预防，防止造成严重损失。

||| 低温冻害 |||

低温冻害是北方猕猴桃产区常发的自然灾害。常见的低温冻害主要有以下两种。

一、冬季低温冻害

自然条件下，猕猴桃正常进入休眠后具有较强的耐低温性，不会造成严重损伤。但初冬尚未进入完全休眠时突然降温就会遭受冻害。所以冬季低温冻害主要包括休眠前极端低温和早霜冻害以及冬季长时期持续极端低温造成的冻害。

（一）危害症状

休眠前极端低温和早霜冻害。来不及正常落叶的嫩梢和叶片受冻干枯，变褐死亡，不脱落；主干受冻后地面上部 10～15 cm 处局部或环状树皮剥落，在冻伤处枯死。以主干基部和嫁接口部位较重，其他部位较轻。

休眠期的持续极端低温冻害。表现为抽梢或抽条，即枝干开裂，枝蔓失水，芽受冻发育不全，或表象活而实质死，不能萌发。在伴随有低湿度和大风同时作用，会导致枝蔓失水干枯，甚者全株死亡。

图 3-1 幼园不同程度受冻的猕猴桃主干

图 3-2 成龄园猕猴桃主干冻裂症状

图 3-3 幼园未受冻猕猴桃主干对比

图 3-4 成龄园猕猴桃主干严重冻伤后植株死亡

（二）发生规律

调查发现，一般 1～2 年新建园的实生苗和幼树冻害最重，3～5 年初结果园幼树冻害较重，6 年以上成龄园大树未见冻害现象。生长健壮的树受冻轻，弱树受冻重。负载量大的树受冻重，合理负载的树受冻轻。河道平原主产区受冻严重，沙土地受冻重。低洼地、山前阴坡地、台塬迎风面冻害较重，开阔平地、阳坡地、背风地冻害较轻。

陕西猕猴桃主产区 1991 年 11 月上旬到 12 月中旬气温突然升高达 22～28℃，休眠后树干活动起来，12 月 26 日突然降温到 -17.8℃，树体受冻，部分枝条冻死，严重的地上部分全部冻死，近一半从嫁接口以上 15～20 cm 处冻死。2009 年 11 月上中旬，陕西省关中地区气候突变，连续大幅降温（据西北农林科技大学猕猴桃试验站气象站监测，11 月 2 日出现 −0.44℃、11 日为 −3.17℃）和较强降雪（10～12 日、15～16 日），对仍然处于生长旺盛阶段的猕猴桃树体造成了严重的冻害损伤，部分园子猕猴桃冻死，损失严重。

（三）预防措施

越冬休眠前的防冻措施一定要在落叶后至土壤封冻前进行，最晚不超过冬至。根据天气预报，及时采取措施预防冻害的发生。

1. 加强果园管理，提高植株抗寒性。秋季加强水肥管理，少施氮肥，使树体提早落叶休眠，增强抗寒力。入冬后及时灌防冻水。大雪后及时摇落树体上的积雪，融雪前清除树干基部周围的积雪。栽植抗寒品种或用抗寒性砧木嫁接栽培品种。苗木和实生苗嫁接时采取高位（80 cm 左右）嫁接，提高嫁接口的位置。

图 3-5　冬季及时灌防冻水

2. 培土防冻。对于未上架的幼树或定植后不久的幼树，采用下架埋土防寒。在植株主干基部周围培 50 cm 的土堆，呈馒头形。

图 3-6　秋栽苗埋土防冻

3. 树干涂白。冬前采用涂白剂涂覆猕猴桃主干和枝条，既可防冻又可防治越冬病虫害。涂白剂配方为：生石灰：石硫合剂原液：食盐：水 = 2：1：0.5：10。不建议树干涂黑。但是涂白对于极端严重低温冻害和冻害严重的果园的防冻效果有限，建议及

图 3-7　树干和主蔓涂白防冻

时关注天气预报，一旦预报有极端低温天气，或历年冻害严重的果园，及时包杆防冻。

图3-8 涂白防冻效果

4.包干防冻。可用破棉被、废纸、稻草、麦秸等包裹主干，特别要将树的根颈部包严来防冻。稻草包杆防冻效果较好。也可与树干涂白并用。特别需要注意的是包干材料一定要透气，严禁用塑料薄膜包干，防止由于不透气将树干包死。

图3-9 稻草包杆防冻

图3-10 稻草包杆防冻效果

5. 喷用防冻剂。全树喷布防冻液，可有效减轻冻害发生。供选用的防冻剂有螯合盐制剂和生物制剂等。但必须提前喷施。

6. 冬季极端低温的预防。关注天气预报，霜冻来临急剧降温前及时采取树体喷水、果园熏烟和风车吹风等方法来预防。一定要在冻害来临前应用，否则起不到应有的作用。树体喷水适合于水凝结点 0℃ 以下的急剧降温情况。果园熏烟一般在午夜 0～1 时进行，可用锯末放烟或在烟煤做的煤球材料中加入废柴油，能迅速点燃，又不起明火。每棵树下放置一块。通过烟雾避免果园温度极剧降低造成损伤。

图 3-11　低温来临前果园放烟

二、春季低温晚霜冻害

（一）危害症状

由于春季晚霜发生期，猕猴桃已经都萌芽展叶，基本到了花蕾期，所以此时出现低温晚霜冻害，猕猴桃的萌芽、叶片、花蕾和枝条都会冻伤。受冻后已发育的器官变褐、死亡，导致芽不能萌发。萌发的嫩梢、幼叶冻伤初期成水渍状，后变黑枯死。严重发生时常常造成严重减产，甚至绝收。

图 3-12　早春冻害导致芽萌发率下降

图 3-13　晚霜危害幼苗症状

图3-14 晚霜危害新叶

图3-15 晚霜危害花蕾

图3-16 晚霜危害花蕾前后对比

图3-17 晚霜危害枝条

图 3-18　低洼果园晚霜危害情况

（二）发生规律

春季低温晚霜冻害在北方猕猴桃产区多发生于春季的 3 月底至 4 月上旬，主要危害早春萌发的新芽、嫩叶、新梢、花蕾和花。凡是能避开晚霜发生期的品种受冻轻。一般芽萌发早的秦美和哑特等受冻概率大，而芽萌发迟的海沃德等品种能躲过晚霜危害。地势低洼的果园受冻严重。

2007 年 4 月 2 日至 3 日，陕西周至猕猴桃产区发生大面积晚霜危害，新梢萎蔫枯死，受害严重的果园受冻率达 80% 以上，近 20 万亩猕猴桃受冻，2 万多亩因幼芽和花苞冻死而绝收。

（三）预防措施

1. 在易遭受晚霜危害的产区，选择栽植芽萌发较晚的品种如海沃德等。

2. 加强果园水肥管理。在易发生倒春寒的产区，在猕猴桃萌芽前及时浇水 2～3 次，以降低低温，推迟萌芽期。

3. 在萌芽至花期晚霜来临前，给全树喷施 0.3%～0.5% 的

图 3-19　低温来临前及时灌水防冻

磷酸二氢钾水溶液，或 10%～15% 的盐水，增加树体抗寒力。喷施 0.1%～0.3% 的青鲜素，推迟花期和芽的萌发，避开晚霜。

4. 灌水、喷水。提前全园进行灌溉 1 次。在低温来临前，打开灌溉设施，连续果园喷水，缓和果园温度骤降，减轻冻害。

5. 熏烟。果园夜间熏烟，在晚霜来临前，在果园堆好柴禾和锯末，一般

每亩 6 ～ 7 堆。当夜间温度降至 1℃时，立即点燃放烟，不能有明火，预防晚霜危害。

图 3-20　果园放烟防冻

三、低温冻害后的补救技术

（一）根据受冻程度不同，采取不同补救措施

对于全株完全冻死的树体，及时挖除补栽；地上部分冻死的大树，在伤流前，从主干基部去掉地上部分，新发强壮萌蘖，夏季高位（1 m 左右）嫁接，实现当年萌发、当年嫁接、当年上架，第二年结果。受冻严重的实生苗和幼树，尽快平茬、重新嫁接或补苗。及时平茬更新，萌发新枝后留 2 ～ 3 个枝条，其余的剪除，在易冻区实行多主干上架。及时嫁接品种。对冻害较轻的初结果树，进行桥接恢复树势，在萌芽前或 7 ～ 8 月对主干冻害部位进行上下桥接。

图 3-21　受冻树体桥接恢复树势

（二）加强果园管理，及时补充营养，尽快恢复树势

受冻不太严重的果园，及时喷施，补充营养，修复冻伤，促进受冻树体恢复。及时喷施生长调节剂如芸苔素、碧护等和速效营养液如氨基酸螯合肥、稀土微肥或磷酸二氢钾等，采用低浓度、多次、叶面喷施为宜，补充养分，促使树体恢复，同时加强果园土、肥、水管理，受冻结果树要摘除全部花，不留

果，减少树体养分消耗，恢复树势；晚霜危害的花期尽可能少留花，少结果，恢复树势。

受冻严重的果园，由于新梢、叶片受损严重，出现枝梢、叶片干枯，失去吸收能力，暂不需喷施生长调节剂和速效营养液。加强果园土、肥、水管理，促使未萌发的中芽、侧芽、隐芽、不定芽的萌发，加快恢复树势，同时根据具体情况可适当选留花果。经 7 ～ 15 d 恢复后，根据果园恢复程度再采取进一步措施，及时疏除冻死枝叶、无萌发的光杆枝、染病枝等，促使树体恢复生产。

受冻果园后期管理以恢复树势为主，采取以下措施严格管理：

1. 推迟抹芽，摘心和疏蕾，待天气稳定后，根据树的生长情况，进行抹芽、摘心、疏蕾，确保当年的枝条数量。

2. 及时追施含氨基酸、腐殖酸、海藻酸等肥料，提供根系生长发育所需的营养，促使萌发新枝。

3. 受冻果园夏季后期控旺。对于受冻恢复果园，由于生殖生长受损，营养生长会偏旺，夏季管理要控氮防旺长，促使枝条健壮生长，形成良好结果枝。

（三）防控病虫害

猕猴桃树体受冻后抗病虫害能力下降，容易产生继发性病害，应及时剪除冻死的枝干，用 50 倍机油乳剂封闭剪口；全园喷施 3% 中生菌素水剂 600 ～ 800 倍液或 2% 春蕾霉素水剂 600 ～ 800 倍液等杀菌剂防止溃疡病等感染。

（四）关注天气预报，防止低温造成二次冻伤

关注最近天气预报，若再有大幅降温，及时采取果园放烟或全园喷水等预防，防止再次降温加重冻害危害。低温环境条件下，尤其是低洼和通风不畅的果园，及时放烟或全园喷水等可避免大幅降温。

‖ 风害 ‖

一、风害危害特点

猕猴桃属藤本果树，新梢肥嫩、叶薄而大，易遭受风灾的危害。风灾对猕猴桃枝、叶和果实均可造成危害。

（一）大风直接造成机械损伤

大风吹坏栽培的架子；常使嫩枝折断，新梢枯萎，叶片破碎，果实脱落。轻者撕裂叶片，重者新梢从基部吹劈。初结果园，海沃德发芽迟，新梢生长快、基部不充实，很易被强风吹劈。

图 3-23 风害造成的叶片破碎

图 3-22 大风吹折枝条

图 3-24 风害造成倒架

（二）叶摩

夏季风害造成叶片、果实叶摩，直接影响叶片的光合作用和果实的外观品质，从而影响产量和果实的销售。冬季西北风不停吹，加上低温，容易导致严重枝蔓失水干枯，抽条，使大量枝条干枯死亡。

图 3-25 风害造成的果实叶摩

图 3-26 风害造成的叶片叶摩

（三）干热风

夏季气温 30℃、空气相对湿度 30% 以下和风速 30 m/s 的时候，会产生干热风，导致猕猴桃失水过度，新梢、叶片、果实萎蔫，果实日灼，叶缘干枯反卷，严重时脱落。北方 6 月份的干热风，成为发展猕猴桃的一个重要限制因子。

二、预防措施

1. 科学选址建园。建园时选择避风的地块，避免迎风的地块。在山区、丘陵地区栽植，应选择背风向阳的地块。栽培时加固架面，选择抗风的大棚架型。

2. 建设防风林和防风障。在大风频繁发生的地区，应建设防风林。树种以速生杉木、水杉为佳，避免猕猴桃受风灾危害。还可在果园迎风面的防护林上树立由塑料膜或草秸等构成的风障，减低风速。

图 3-27　新西兰建设的防风林与人工风障

3. 及时灌水。根据天气预报，在干热风来临前 1～3 d，进行 1 次猕猴桃园灌水，干热风来临时，在猕猴桃园进行喷水。也可在树上挂鲜草遮阳缓解危害。

4. 果园生草。在常发干热风地区，采取果园间作和果园生草，可以很好地缓解干热风的危害。

图 3-28　果园生草或留草

///Ⅲ 强光高温危害 ///

一、强光高温对猕猴桃的危害

（一）叶片青干，呈火烧状

6～7 月气温达 35℃以上，叶片受强光照射 5 h，叶片边缘水渍状失绿，后变褐发黑。持续 2 d 以上，则叶片边缘变黑上卷，呈火烧状。严重时引起早期落叶。

图 3-29 猕猴桃叶片青干状

图 3-30 高温强光危害叶片症状

图 3-31 高温强光引起落叶症状

（二）果实日灼

5～9月强光高温天气，果实暴晒在阳光下就会发生日灼。表现为果肩部皮色变深，皮下果肉褐变停止发育，形成洼陷坑，有时表面开裂，病部易发炭疽等病害。失去商品价值。严重时，果实软腐溃烂。

图 3-32 猕猴桃果实日灼受害状

二、发生规律

一般"T"形架栽培有果实外露现象，常有日灼发生。大棚架整形的猕猴桃果园，因为果实基本上全在棚架下面，发生果实和枝蔓的日灼病较轻。但是猕猴桃果实怕直射的强烈日光，如果在5～9月份，未将果实套袋或遮荫，直接暴晒在阳光下，就会发生日灼。

高温日灼发生危害叶片与叶片结构有关，叶片较嫩，果皮较薄，就容易发生日灼。日灼主要发生于树势较弱的初挂果园。3～5年生的果园则受害重，5年生以上的果园受害轻。新梢数多的较新梢数少的轻。果园生草覆盖的较未生草的发生轻。幼园、未遮阴的果园发生重。一般修剪过重，枝叶量少都易发生日灼。

三、预防措施

1.加强果园管理。果园失水时及时灌水，有条件的果园隔几天喷1次水。果园生草可以有效防止高温强光天气的危害。也可用麦糠或麦草覆盖果树行间。夏季修剪要合理，留好合理的枝叶比，使枝叶本身保护果实免受强光直射。适当保留些背上枝遮阴，剪除下垂枝改善通风条件，有利于防止日灼。在易发生日灼的天气，在树上挂草遮盖裸露的果实，可减低日灼。加强病虫害防治及树体管理，防止叶片早落，有利于防止日灼。对于较大的修剪口和伤口及时涂抹保护剂，减少水分蒸发，也可减少日灼。

2.间作覆盖。幼苗要在行间两边种植玉米，给幼树遮阴，避免日光直射。高温季节也可用农作物秸秆、野草和树叶等进行地面覆盖，也可减轻危害。

图 3-33　玉米遮阴

3.果实套袋。从幼果期开始，对果实进行套袋遮阴，可以防止日光直射，降低果面温度，降低日灼的发生率，提高商品果率。关中地区适宜套袋时间为6月下旬至7月上旬，要选择通气孔大，质量好的纸袋。通气孔小时可略剪大，以利通气，降低袋内温度。一般可降低1～2℃。

图 3-34　果实套袋

4.叶面喷雾保护。在6～7月份高温季节，可喷施液肥氨基酸400倍液，每隔10 d左右喷1次，连喷2～3次。或可喷施抗旱调节剂黄腐酸，每亩喷施 50 ～ 100 mL，既可降低果园温度，又可快速供给营养。未施膨大肥的猕猴桃园，要增施钾肥，可喷施 0.1% ～ 0.3% 磷酸二氢钾或硫酸钾，连喷 2 ～ 3 次，能达到抗旱防日灼效果。

Ⅳ 干旱

一、干旱危害特点

猕猴桃最怕高温干旱，喜凉爽湿润气候条件，根系分布浅，叶片蒸腾旺盛，对土壤缺水极其敏感。7 ～ 8 月高温季节遭遇持续干旱，常造成猕猴桃叶片萎蔫枯焦，叶片脱落，果实不能膨大，严重时植株死亡。在花芽分化期持续干旱不利于花芽分化。果实膨大期持续干旱常影响果实生长，且易落果。

图 3-35　干旱导致叶片萎蔫

图 3-36　干旱导致叶片干枯

图 3-37　干旱导致落叶

图 3-38　干旱导致落叶落果

图 3-39　干旱导致植株枯死

二、干旱的预防技术

1. 建造灌溉设施。建园时要保证有充足的水源和灌溉条件。猕猴桃喜湿润气候，最怕干旱，因此在建园选择园址时，要建设果园灌溉设施，保证在干旱条件下，能满足猕猴桃需水的要求。

2. 及时灌溉。干旱时及时进行灌溉。冬灌在封冻前的 11 月至 12 月上旬；春灌在 3 月上旬至 4 月上旬萌芽前。生长期在 5 ～ 6 月新梢、叶片旺盛生长和开花坐果的关键时期及时灌水；降雨少的 7 ～ 8 月及时灌溉。适宜采用地面灌水和喷灌相结合的方法。

3. 蓄水保墒。采取果园生草和秸秆覆盖等蓄水保墒措施。果园生草能降低果园的水分蒸发和温度。果园地表覆盖能防止田间水分蒸发，保持土壤湿度，有利于根系生长。一般在早春时开始覆盖，夏季高温来临前结束。可以选用秸秆、锯末、绿肥和杂草等材料进行覆盖，厚度在 20 cm 左右。覆盖方式有树盘覆盖、行间覆盖和全园覆盖，可因地制宜选择合适的覆盖方法。

V 涝灾

一、危害特点

（一）机械损伤

暴风雨使嫩枝折断、叶片破碎或脱落，导致当年和翌年的花量和产量减少。严重时刮落或打烂果实，或使果实因风吹摆动而被擦伤，失去商品价值。

（二）引发病害

连阴雨引起根系呼吸不良，发生根腐病，长期渍水后叶片黄化早落，严重时植株死亡；同时湿度过大，引起病害加重。

（三）导致裂果

果实易发生裂果现象。

二、发生危害规律

涝灾主要由于雨季降雨偏多，园中积水过多不能及时排出造成。8 ～ 10 月间天气突降暴风雨或连阴雨容易引起涝灾危害。低洼地、排水不通畅和水位高的果园发生严重，一般南方降雨较多的地区发生严重。

图 3-40　猕猴桃园涝灾

图 3-41　猕猴桃园涝灾积水造成植株死亡　　　图 3-42　果实发生裂果现象

三、预防措施

1.科学选址建园。建园时，一定要避开经常发生暴风雨的地区。选择水位低，排水通畅的地块，避开低洼地。

2.高垄栽培。在多雨易发生涝害的果园，要采用起垄进行高垄栽培。

3.避雨栽培。对于已经在时常有暴风雨发生地区建好的猕猴桃园，生长季要注意天气预报，组织安装防暴雨设施，或设置防雨棚。

4.修好猕猴桃园的灌溉排水设施。一旦发生涝灾，及时开通排水系统，排干园子里的积水，保护根系，以免受到损伤。

四、灾后急救措施

1.及时排涝。及时快速地排出果园积水，清除淤泥，防止树体浸水时间过长而死亡。特别是地势较低，容易积水的果园可以使用排出泵排出积水。

2.加强果园管理。涝灾过后，做好地面管理，及时对树盘进行中耕松土，使土壤疏松透气，根系恢复正常生理活动；做好架面管理，及时夏剪疏除过密的枝条，增强果园通风透光能力，降低湿度，减轻病害发生。

3.防控病虫害。涝灾导致果园积水，降低通透性，造成土壤缺氧，容易发生根腐病，同时果园湿度增加，树体受灾后抗性降低，高温高湿条件下也易发生褐斑病等叶部病害。及时调查，及早发现，及早采取药剂防治措施，具体用药参见根腐病和褐斑病的防治。

/// VI 冰雹 ///

猕猴桃生长季节遭受强对流天气危害，同时容易伴随暴雨和冰雹，严重损伤猕猴桃树体、枝条、叶片、花蕾和果实，造成严重经济损失。在易发生冰雹的产区，一定要做好冰雹灾害的预防工作。

一、危害特点

（一）机械损伤

冰雹高空落下造成砸伤。猕猴桃生长季节遭受冰雹天气会严重损伤猕猴桃植株、枝条、叶片、花蕾和果实等，轻的部分枝条、叶片和果实受损，枝条打折、果实砸伤；重的造成大量枝条打断和落叶落果现象，甚至严重时，整个树上伤痕累累，枝条、叶片和果实全部打落在地。

（二）影响果园土壤

冰雹砸到地上造成土壤板结，透气性差，影响植株生长，加上伴随暴雨造成积水，导致根腐病等发生。

图 3-43 冰雹造成猕猴桃枝叶损失

图 3-44　冰雹损伤猕猴桃叶片和果实　　图 3-45　冰雹打光猕猴桃的叶片和果实，
　　　　　　　　　　　　　　　　　　　　　　　　甚至部分枝条

二、冰雹的预防

1. 科学选址建园。根据当地冰雹发生规律，避免在冰雹多发区和冰雹带建园。

2. 建设防雹网等设施防护。在冰雹多发区建园，最好的防雹措施就是建设果园防雹网，将果树遮盖住，避免冰雹砸伤。

3. 关注天气预报，人工防雹。冰雹对猕猴桃造成的损失严重，在冰雹等强对流天气易发地区，要根据天气预报做好人工防雹工作。比如用防雹高炮向云层发射防雹弹，化雹为雨等。

三、灾后救灾技术

冰雹对猕猴桃造成的危害损失严重，在冰雹等强对流天气易发地区，一方面要根据天气预报，必须做好预防，开展人工防雹工作。另一方面，遭受冰雹袭击后要及时开展救灾工作。

1. 及时排涝。冰雹属于强对流天气，一般都伴随着大雨，甚至暴雨，灾后要及时排涝。地势较低、排水不畅的果园，开挖排水沟或使用排水泵，尽快排出果园积水，清除淤泥，以免影响根系呼吸，也可避免树上留存果实裂果。

2. 及时清园。及时清理残枝、落叶、落果。重灾果园，要尽快清理果园内落叶、落果等，疏除砸断和砸折的受伤枝条，尽量保留树体叶片，促进树体恢复。打断的枝梢从断茬处稍向下短截。留存的主枝和枝条，剪除顶端幼嫩部分，促进新梢成熟。剪除被打折断的树枝、新梢等。摘除砸伤的果实。调整棚架后，疏理枝蔓。选留基部位置合适的新发枝梢，培养长势中庸的更新结果母枝。修剪伤口要平滑，剪口和修剪工具要消毒。

3. 及时喷药。雹灾过后造成果实和枝叶受伤破损，形成大量的伤口。树体受伤，抗病能力下降，容易感病，因此灾后尽快全园喷药，保护伤口，促进伤口愈合，防止病菌入侵感染。保护伤口，预防溃疡病可喷施 3% 中生菌素水剂 600 ～ 800 倍液或 2% 春蕾霉素水剂 600 ～ 800 倍液，或 50% 氯溴异氰尿酸 1 000 倍液等。

4. 及时追肥。叶片被冰雹砸伤后，养分的合成受阻，创伤愈合需求养分，灾后气候转晴后趁地湿，抓紧时间抢施一次速效的氮肥和磷肥肥料，增加树体营养，促进根系康复生长，促发新枝，促进树体恢复。可以叶面喷 0.3% 尿素或磷酸二氢钾。也可喷施生长调节剂如芸苔素、碧护等和氨基酸螯合肥、稀土微肥或磷酸二氢钾等，采用低浓度多次叶面喷施为宜。

5. 及时中耕。受冰雹冲击后果园地块容易板结，通透性差，影响根系生长和吸收作用，因而要对受灾果园及时进行中耕，康复和增强根系的呼吸和吸收能力。因此要及时对树盘进行中耕松土，破除土壤板结，提高透气性，确保土壤养分供给，使根系恢复正常生理活动。注意松土时不能伤根。耕松深度 10 ～ 20 cm 为宜。坡地的猕猴桃及时培土固根，防止因雨水冲刷而造成根系裸露，影响根系生长。

第四章
猕猴桃病虫害的绿色防控技术

针对猕猴桃生产中不同阶段病虫害的发生危害情况，应采取绿色综合防控对策，坚持"预防为主，综合防治"的基本原则。

采取植物检疫、农业防治、物理防治、生物防治和化学防治等多种技术措施，综合防控猕猴桃病虫害造成的危害。在猕猴桃生产上主要以农业防治（包括物理防治）措施为基础，提高植株的抗病虫害能力，创造不适合病虫害发生的果园环境条件，降低猕猴桃园病虫害的发生危害程度；强调以生物防治为辅，通过保护和释放病虫害的天敌和喷施生物源药剂防治等生物防治的措施，来调控果园生态平衡，防控病虫害危害；以化学防治为补充，在以上措施不能防控果园病虫害的危害时，及时采取化学农药防控，但是药剂选择上要以高效低毒低残留的农药为主，严禁使用高毒高残留农药。总体来讲，在猕猴桃病虫害的绿色防控技术体系中，农业防治是绿色防控病虫害大发生的基础，化学防治是其他三种措施防治不足时的主要补救措施。

在猕猴桃病虫害绿色防控技术体系中，要以农业栽培技术措施为基础，充分利用物理防治和生物防治，必要时，合理使用低风险化学防治措施，建立有利于各种生物天敌生存繁衍的条件，创造不适合病虫害发生的环境，增强果园生物多样性，保持优化猕猴桃果园栽培生态系统平衡，以此减少病虫害危害，提质增效，增加收益。

⫻ 绿色综合防控技术 ⫻

一、植物检疫

植物检疫是通过法律、行政和技术的手段，防止危险性植物病、虫、杂草和其他有害生物的人为传播，保障农林业的安全，促进贸易发展的措施。严格的植物检疫主要是为了严防危险性病虫害向新的地区扩散及在生产中的远距离传播，造成更大的危害。

在苗木和果实调运过程中，必须进行严格的检疫。在猕猴桃生产中调运苗木和接穗时，要严格检疫其上是否有介壳虫、线虫和猕猴桃细菌性溃疡病等病虫害，检验合格才能调运，一旦发现就要禁止调运或进行检疫处理。禁止从病区引入苗木，防止人为造成病苗传播，严防将介壳虫、线虫和猕猴桃细菌性溃疡病等病虫害传入新的果区。新猕猴桃园栽种的苗木要严格检查，绝不栽植携带线虫等病虫害的苗木，对外来来源不明的苗木要进行彻底消毒处理。严格检疫是防控猕猴桃细菌性溃疡病和根结线虫等重要病虫害的关键措施。

二、农业防治

在猕猴桃生产中，农业防治技术措施是控制病虫害危害的基础。只有农业防控技术措施做到位，如合理修剪，园地通风透光良好，树体负载量适宜，地力、肥水充足的猕猴桃果园病虫害发生危害轻，防控较易，是减少病虫害大发生的基础。而超载严重，郁闭的猕猴桃园，适宜于病虫害发生，防控效果不佳。生产中常见的农业防控技术措施主要有以下方面。

（一）科学合理选址建园

北方猕猴桃产区，冬季容易发生低温冻害，避免在低洼易遭冻害的地方建猕猴桃园。南方猕猴桃产区多雨，采用高垄栽培建园，同时要挖好排水沟等排灌设施，保持果园内排水通畅不积水，降低果园湿度，减少病害发生。

（二）科学选择优良品种，选用抗病虫砧木，培育无病虫苗木

根据不同地区的条件，选择适宜的优良品种，在北方易发生冻害的地区，选择抗冻的优良品种；在猕猴桃细菌性溃疡病重灾区，选择抗病的优良品种，如美味系猕猴桃品种，慎重选择感病的中华系猕猴桃品种；南方易涝区，选择抗涝的优良品种等等。生产上繁育苗木时，选用抗病虫的优良砧木，培育抗病性和抗逆性良好的苗木。

（三）加强果园管理，科学合理施肥灌水，培育健壮树势，增强植株抗病性

1. 科学合理施肥。增施充分腐熟的有机肥，提高果园土壤有机质含量，改良土壤。一般幼园每年亩施有机肥 1 500～2 000 kg，盛果期果园每亩施有机肥 4 000～5 000 kg。配方平衡施肥，减少氮肥的用量，增施磷钾肥，适当追施钙、镁、硅等矿质肥料，提高植物抗逆性。特别在猕猴桃生长后期严格控制氮肥的施用量，防止后期旺长，降低抗性。

图 4-1 果园多施有机肥

2. 根据树势，合理负载。猕猴桃坐果能力强，一旦留果量过大，生殖生长消耗过大，大量养分会被果实消耗，营养生长不良，直接会影响猕猴桃的树势，降低树体抗性。冬剪时，合理选留适宜数量的枝条，同时加强夏季修剪，疏除果园过多和过密的枝条，防止果园郁闭，保证良好的通风透光条件。合理疏蕾疏果。一般美味猕猴桃亩产量控制在 2 000～2 500 kg 为宜，中华猕猴桃亩产量控制在 1 000～1 500 kg 为宜。合理使用允许使用的植物生长调节剂。

3. 合理灌溉与排水。根据猕猴桃的生长需求及气候等，合理灌溉。春季溃疡病高发期要适当减少灌溉次数和控制灌水量，否则，会加重溃疡病的发生危害。多雨季节，一旦果园积水，就要及时使用排水设施，及时排除果园积水，以防造成根系受损发生根腐病危害。

4. 猕猴桃生长过程中，幼树前促后控，提高枝蔓成熟度，增强树体抗病性。

（四）彻底清园

冬季结合冬剪，彻底清除园内病虫害枝蔓、枯枝落叶、粗树皮及周围各类植物残体、农作物秸秆等，带出园外烧毁或深埋。深秋或初冬结合施用基肥，翻耕土壤，消灭部分幼虫，减少田间害虫数量。

图 4-2 及时清扫落叶

（五）实行垄上栽培，注意果园排水，避免密植

防止枝梢徒长，对过旺的枝蔓进行修剪，保持良好的通风透光，树冠密度以阳光投射到地面空隙为筛孔状为佳，降低园内湿度。

（六）果园生草

猕猴桃生长季节 7、8 月份的高温天气常常造成猕猴桃叶片青干、果实日灼，严重影响猕猴桃的生长。所以在北方产区，提倡夏季果园生草或留草，调节果园小气候环境，提高果园保水能力，降低高温气候对猕猴桃的影响。深翻树盘，地面生草覆盖或秸秆覆盖；创造不利于病虫害发生危害的环境条件。

图 4-3　猕猴桃果园生草

（七）合理采收，科学入库贮藏

减少采收时对果实避免破伤和划伤，轻摘轻放，减少碰撞。入库前严格挑选；对冷藏果贮藏至 30 d 和 60 d 时分别进行两次挑拣，剔除伤果、病果，防止二次侵染。

三、物理防治

（一）人工物理防治病虫害

冬季用硬塑料刷或细钢丝刷，刷掉树枝蔓上的虫体或虫卵。并在修剪时，剪掉群虫聚集的枝蔓。冬季刮除树干基部的老皮，涂上约 10 cm 宽的粘虫胶。利用成虫的假死性，在成虫发生期于清晨或傍晚，摇动树干振落成虫，人工集中扑杀。发现已定植苗木带虫时，挖去烧毁，并将带虫苗木附近的根系土壤集中深埋至地面 50 cm 以下。果园日常管理中，发现病虫害局部危害时，及时剪除病虫害危害枝、叶片等，带出园外处理。

（二）利用害虫的趋性诱杀

1. 灯光诱杀。利用害虫的趋光性，采用频振式杀虫灯、黑光灯等灯光诱杀成虫。

图 4-4 利用杀虫灯诱杀害虫

2. 糖醋液诱杀。利用害虫的趋化性，园子挂糖醋液罐头瓶诱杀。

图 4-5 利用糖醋液诱杀害虫

3. 性诱剂诱杀。在害虫发生期，果园放置性诱剂或聚集性信息素诱杀害虫。

图 4-6 利用聚集信息素诱杀害虫

图 4-7 利用性诱剂诱芯诱杀害虫

4.黄板诱杀。在害虫发生期，果园悬挂黄板等诱杀对黄色等有趋性的害虫。

图 4-8　利用黄板诱杀害虫

图 4-9　利用黄板诱杀害虫效果

图 4-10　黄板诱杀害虫示范

（三）利用热力作用杀灭病原菌等

病苗在栽植前及时处理。对发病的嫁接苗和实生苗坚决集中烧毁。对显示症状或可疑的苗木栽植前及时处理，可用48℃温水浸根15 min，可杀死根瘤内的线虫。

（四）涂干

冬季用波尔多液或石灰水涂杆，保树防冻，也可用稻草或秸秆等包杆。

图 4-11　树干涂白

（五）严格消毒

修剪刀、嫁接刀等工具及嫁接用的接穗等都要及时消毒，防止传播病害，加重病虫害的危害。

四、生物防治

生物防治就是利用生物间的相互制约关系，用一种生物控制另一种生物的防治技术。用于生物防治的生物主要有捕食性天敌（如瓢虫、草蛉、步甲、捕食螨、蜘蛛、青蛙和各种食虫益鸟等）、寄生性生物（如寄生蜂和寄生蝇等）及病原微生物（如苏云金杆菌、白僵菌和绿僵菌等）三种。

（一）保护利用天敌，维持果园生态平衡

自然状态下，害虫的天敌很多，天敌控制着害虫的种群数量，害虫与天敌相互维持着一定的生态平衡，从而能降低对植物的危害。猕猴桃园的生境环境下，也有许多的害虫的天敌，在控制着害虫的种群数量。常见的天敌主要有瓢虫、草蛉、食蚜蝇、螳螂和蜘蛛等。

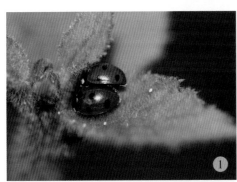

图 4-12　天敌—七星瓢虫

图 4-13　天敌—七星瓢虫幼虫

图 4-14　天敌—七星瓢虫蛹

图 4-15　天敌—草蛉成虫

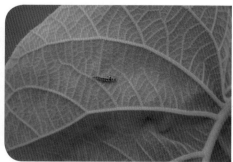

图 4-16　天敌—草蛉幼虫

图 4-17　天敌—食蚜蝇

图 4-18　天敌—螳螂成虫

图 4-19　天敌—螳螂卵鞘

图 4-20　天敌—螳螂若虫

图 4-21　天敌—蜘蛛 – 棒络新妇

图 4-22 天敌—蜘蛛

保护利用天敌的措施主要有：

（1）建立果园良好的生境环境，保护天敌。比如果园生草能够给天敌提供一个良好的栖息场所，适于天敌昆虫的生存和繁衍，增加果园生境中天敌数量，从而控制害虫的数量，减轻对猕猴桃树体的危害。

（2）合理使用农药。选择使用高效、低毒、对天敌杀伤力小的药剂或生物性植物性低毒农药，减少对天敌的杀伤作用。

（二）释放天敌，控制害虫危害

在猕猴桃生产上可以根据不同产区的病虫害的发生危害种类和特点，引进释放天敌来防治害虫。目前，在猕猴桃生产上引进捕食螨来防控叶螨危害

图 4-23 释放捕食螨防控叶螨

图 4-24 释放卵寄生蜂防控蝽象

取得较好的防控效果。在防控茶翅蝽时，也可释放一些卵寄生蜂来控制果园害虫数量等。

（三）利用食虫动物防虫

1.果园养鸡鸭。在蛴螬或金龟子进入深土层之前，或越冬后上升到表土时，中耕圃地和果园，在翻耕的同时，放鸡吃虫。

图4-25　果园养鸡吃虫

2.保护各种食虫益鸟。良好的果园生境，可以吸引鸟类进入果园，捕食果园的害虫。可以通过保护利用自然界中的鸟类来防控捕食田间的害虫。

图4-26　利用鸟类捕食害虫

（四）喷施生物性制剂防治病虫害

生物农药对人、畜及各种有益生物较安全，是病虫害绿色防控的必要产品。生物农药具有广谱、高效、安全、无抗药性、不杀害天敌等优点，能防治对传统农药已有抗药性的害虫，又不会产生交叉抗药性。比如生产上常用多抗霉素防治猕猴桃轮纹病、炭疽病，抗生素防治猕猴桃细菌性溃疡病等。喷施苏云金杆菌和白僵菌制剂防治鳞翅目害虫，喷洒生物性农药防治叶螨等。喷施昆虫生长抑制剂如灭幼脲来防治鳞翅目害虫的幼虫。

五、化学防治

化学防治就是使用化学农药防治植物病虫害的方法，是生产上防治植物病虫害的关键措施，具有高效、速效、使用方便、经济效益高等优点，可以在病虫害大面积发生危害时，快速控制病虫害的危害，降低经济损失。缺点是可能产生药害，杀伤有益生物，导致病原物产生抗药性，造成农药残留和环境污染，甚至引起人、畜中毒。所以化学防治中要科学合理使用低毒、高效、低残留的农药，以最大限度地降低农残等缺点，发挥化学防治的优势，防控病虫害危害，提高经济效益。

在猕猴桃病虫害绿色防控技术体系中，化学防治的应用必须严格按照有关规定，在化学药剂的选择、喷雾器械选择、使用方法等方面科学合理，正确使用，才能最大程度发挥化学防控的作用，否则可能出现问题，加重病虫害的危害，造成严重损失。

（一）科学合理选择农药

1. 允许使用的农药。猕猴桃生产上病虫害绿色防控中，允许使用的农药主要为生物性农药、矿物源农药和低毒低残留高效的农药。常见允许使用的农药参见附录七《绿色食品　农药使用准则》。

2. 限制性使用的农药。猕猴桃生产上可以限制性的使用一些中等毒性的农药，这类农药的使用浓度、使用次数、使用方法等都有严格限制，要严格按照要求施用。如 2.5% 高效氯氟氰菊酯乳油、20% 甲氰菊酯乳油、20% 氰戊菊酯乳油、2.5% 溴氰菊酯乳油和 80% 敌敌畏乳油等农药。

3. 禁止使用高毒农药 。在猕猴桃病虫害绿色防控技术体系中，严格禁止使用以下高毒、剧毒农药。

根据农业部第 199 号、第 274 号公告、第 632 号、第 806 号，全面禁止使用以下农药：六六六（HCH），滴滴涕（DDT）、毒杀芬，二溴氯丙烷，杀虫脒，二溴乙烷（EDB），除草醚，艾氏剂，狄氏剂，汞制剂，砷、铅类，敌枯双，氟乙酰胺，甘氟，毒鼠强，氟乙酸钠，毒鼠硅；甲胺磷，甲基对硫磷（甲基 1605），对硫磷（1605），久效磷和磷胺；氧化乐果，克百威（呋喃丹），绿黄隆，甲黄隆，绿麦隆，三氯杀螨醇。

禁止在蔬菜、果树、茶叶、中药材上使用的农药有：甲拌磷，甲基异柳磷，五氯酚钠，特丁硫磷，甲基硫环磷，治螟磷，内吸磷，克百威，涕灭威，灭线磷，

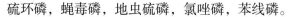

硫环磷，蝇毒磷，地虫硫磷，氯唑磷，苯线磷。

（二）科学合理使用农药

猕猴桃生产上使用农药，要按照农药残留限量标准，科学合理使用，严格控制农药残留，确保不超标，保证猕猴桃果品的质量安全、施药人员安全和环境安全。

1.农药种类与剂型的选择。农药种类的选择要根据猕猴桃病虫害的发生危害种类和发生程度及喷雾器械等，选择适宜对路的农药种类，对症施药。比如预防病害时，选择使用保护性的杀菌剂；防治病害时，尽量选择治疗性的杀菌剂。防治咀嚼式口器的害虫如鳞翅目害虫时，可以选择胃毒性和触杀性的杀虫剂；防治刺吸式口器的害虫如同翅目叶蝉时，要选择内吸性和触杀性的杀虫剂。

在猕猴桃生产上，农药剂型的选择也很重要。一般建议优先选择分散性更好的剂型如水乳剂、微乳剂、水溶性粒剂等环保剂型等，避免选用油乳剂，特别是夏季高温季节使用农药时，尽量少用油乳剂等，以免产生药害。

2.科学配制农药。农药使用时，采取科学的配制方法。根据防治对象和推荐使用浓度，计算出药剂的使用量。粉剂等固体药剂用电子秤等精确称量，乳剂等液体用量杯精确量取备用。禁止任意加大农药浓度，防止产生药害。

农药的稀释一般采取二次稀释配制法。即先用少量的水将药剂充分溶解后稀释成"母液"倒入喷雾器械，然后再加入剩余的水，将"母液"稀释至所需要的浓度，使药剂均匀溶解后喷施。

3.科学合理混用。在农药使用时，为了提高防效和工作效率，常常采用农药混用的方法，达到防治病害和虫害的目的。农药的合理混用不但可以提高防效，而且还可扩大防治对象，延缓病虫产生抗药性。但不能盲目混用。农药的混用一般有三种作用：增效作用、拮抗作用和失效。

4.喷雾器械的选用。在猕猴桃生产上，为了防止药剂的喷雾由于喷施效果不好而影响药效，首先必须选择雾化效果良好的喷雾器械，这样才能既均匀喷施到植株控制病虫害危害，又能避免药液喷雾不均匀而出现药害。比如选择雾化效果良好的喷雾器和喷头，如静电喷雾器等。

根据生产规模选择喷雾器械。如果农户果园面积不大，可以选择小的背负式手动或电动喷雾器。如果大的公司果园面积较大，就要选择大的机械式喷雾器，如小型拖拉机带动的弥雾机或自走式弥雾机等，提高效率。

施药器械喷施杀虫剂和杀菌剂的喷雾器在多次清洗干净后可喷施其他杀虫剂杀菌剂，但喷施除草剂的喷雾器要专用，不能喷施其他农药。

注意喷雾器械的使用维护，定期更换磨损的喷头，避免滴漏。

5. 农药使用方法及注意事项。

（1）正确田间施药。施药防治时，要抓住不同病虫害的关键防治时期及时施药防控。根据施药机械喷幅和风向确定田间作业行走路线。使用喷雾机具施药时，严禁逆风前行喷洒农药和在施药区穿行；使用手动喷雾器喷洒除草剂时，喷头一定要加装防护罩。下雨、大风、高温天气或下雨前、有露水时严禁施药作业。高温季节禁止施药，一般可在下午4时温度下降后进行。

（2）严格遵守安全间隔期规定。农药安全间隔期是指最后一次施药到作物采收时所需要间隔的天数，即收获前禁止使用农药的日期天数。为了避免农药残留超标，果品采收前安全间隔期内严禁使用农药。

（3）加强个人防护，注意施药安全。由于果园环境相对密闭，所以在果园中喷药，一定要加强防护，注意用药安全。

喷药时，要穿戴防护服和口罩等防护用品，对易被污染的重点部位可加垫塑料薄膜。连续打药一般2～3 d轮换1次。施药后及时更换衣服，清洗身体。

严禁在打药过程中饮酒、吸烟、喝水、吃东西。农药可通过消化道、呼吸道、皮肤进入人体，打药过程中施药人员的手、口腔、鼻腔都可能被污染，很容易引起农药中毒。

施药时，要始终处于上风口位置施药，禁止逆风施药。施药过程中遇喷头堵塞等情况时，应用牙签、草杆或水等来疏通，严禁用嘴吹吸喷头和滤网。

掌握中毒急救知识，防止人、畜中毒。如农药溅入眼睛内或皮肤上，及时用大量清水冲洗，如出现头痛、恶心、呕吐等中毒症状。应立即停止作业，脱掉受污染衣服，携农药标签，及时到医院就诊。

（4）注意保护环境。喷完药剂清洗喷雾器时，严禁在河流和井边等处清洗，以免污染水源。农药瓶和农药袋等农药包装废弃物要收集集中处理，严禁到处乱扔，污染环境。

‖ 猕猴桃果园病虫害周年绿色防控技术 ‖

一、落叶期－休眠期

休眠期主要指猕猴桃从全部落叶后开始，一直持续到萌芽开始结束的一段时期。主要农事操作是冬剪和绑蔓等。

1. 防治对象。

（1）冬季低温冻害；

（2）各种越冬病原菌和越冬害虫；

（3）猕猴桃细菌性溃疡病。

2. 防控目的。

（1）防寒抗冻，提高树体抗冻抗病等抗逆能力。

（2）消灭越冬病虫害，降低病虫害的越冬基数，减少下一年的病虫害数量。

（3）防控猕猴桃细菌性溃疡病，做好预防和防控。

3. 防控技术措施。

（1）预防冬季低温冻害。主要基础措施有树干及大枝用涂白剂涂白，用稻草或秸秆等包干材料包干护理根茎部和主干。具体参见冬季低温预防技术措施。

（2）清园。人工清园，冬季结合冬剪，及时清除果园枯枝落叶、病虫枝、僵果落果及果园杂草等，带出园外集中烧毁或深埋。人工抹除越冬害虫的卵块。化学清园，冬剪完后及时喷药保护伤口、预防溃疡病，7～10 d后全园喷施3～5波美度的石硫合剂清园。

（3）防控猕猴桃细菌性溃疡病。这是此期猕猴桃果园最为主要的病虫害防控任务。关键做好落叶后、冬剪后的保护伤口的预防工作和病原菌的初侵染时期的防控工作。加强果园病害的监测，发现染病植株及时进行处理防控，全园进行药剂防控，7～10 d喷1次，根据果园病害发展情况，连喷2～3次或3～4次。具体防控基础措施，参见本书猕猴桃细菌性溃疡病部分的防控技术措施。

二、萌芽期 – 展叶期

此期主要指猕猴桃萌芽、展叶及新梢生长的阶段。随着气温的升高，猕猴桃的休眠期结束，猕猴桃的枝条开始萌动，进入萌芽展叶和新梢生长阶段。猕猴桃溃疡病受到逐渐升高的气温的抑制，枝干发病逐渐结束，但叶片上的溃疡病进入发病期。4月上旬是北方猕猴桃产区春季低温晚霜的高发期，必须做好预防。害虫处于出蛰期，加强监测，技术防控。

1.防治对象。

（1）猕猴桃细菌性溃疡病；

（2）春季低温晚霜；

（3）金龟甲等出蛰害虫；

（4）猕猴桃黄化病等。

2.防控目的。

（1）继续防控猕猴桃细菌性溃疡病，降低田间初侵染源的数量，喷施要全面彻底，做好叶片溃疡病的防控。

（2）预防春季低温晚霜。

（3）防控出蛰害虫危害猕猴桃萌芽和叶片等。

（4）做好猕猴桃黄化病的防控。具体参见本书猕猴桃黄化病部分防控技术措施。

3.防控技术措施。

（1）继续做好猕猴桃溃疡病的防控。具体参见溃疡病防控技术。

（2）预防春季低温晚霜。主要保护已经萌发的萌芽、叶片、枝条及花蕾等。

（3）防治金龟子等危害。可以使用杀虫灯和糖醋液诱杀及人工捕捉金龟甲等。详细防控参见害虫防控部分。

三、花蕾期 – 花期

此期主要包括猕猴桃花蕾期和开花期，猕猴桃果园的农事操作涉及疏蕾、疏侧蕾及授粉等。猕猴桃溃疡病发病基本结束，猕猴桃花腐病、灰霉病及金龟甲、小薪甲等病虫害开始发生危害。

1. 防治对象。

（1）金龟甲等害虫；

（2）猕猴桃花腐病；

（3）猕猴桃灰霉病；

（4）猕猴桃黄化病等。

2. 防控目的。保护花蕾花朵，减少花期病虫害的危害。

3. 防控技术措施。

（1）防控金龟甲、斑衣蜡蝉、蝽象、小薪甲等害虫。可以继续开启杀虫灯、黑光灯诱杀，悬挂糖醋液诱捕。虫口数量较大时，及时喷药防控。具体技术措施参见害虫防控部分。

（2）预防和防控花腐病。此期是花腐病的高发期，需及时喷药进行预防。特别是疏蕾和疏侧蕾（扳耳朵）后，及时喷药保护伤口，防止感染细菌。如果雨水较多，极易染病出现大量落蕾落花现象，及时监测，一旦发病，及时喷药进行防控。具体技术措施参见猕猴桃花腐病部分。

（3）防控灰霉病。灰霉病也会感染花朵，染病的花朵褐色腐烂，上面附着一层灰色霉层。田间及时监测，出现危害症状，喷药防控。具体措施参见猕猴桃灰霉病部分。

（4）继续防控猕猴桃黄化病。

（5）花期一般不建议喷施农药，一方面是防止产生药害损害花朵，另一方面是防止杀虫剂杀死蜜蜂等授粉昆虫，影响授粉。一定要注意用药安全，切忌随意加大农药浓度和混用。

四、幼果期

授粉结束后，猕猴桃就进入了幼果期，此期主要农事操作是蔬果和防控病虫害。猕猴桃幼果处于迅速生长阶段，果实果品幼嫩，比较容易感染灰霉病，同时也容易出现药害或肥害，果园用药一定要注意安全。这一时期也是猕猴桃褐斑病的初侵染阶段及小薪甲危害果实的关键时期。

1. 防治对象。

（1）猕猴桃灰霉病；

（2）小薪甲；

（3）猕猴桃褐斑病；

（4）猕猴桃黄化病等。

2.防控目的。

（1）防控猕猴桃灰霉病和小薪甲，保护幼果。

（2）预防猕猴桃褐斑病。

（3）防控叶蝉、斑衣蜡蝉和茶翅蝽等害虫。

3.防控技术措施。

（1）及时防控灰霉病危害猕猴桃幼果。幼果期如果果园比较郁闭，架下湿度大，或出现连续降雨等，都容易造成猕猴桃灰霉病大发生，造成大量落果。根据果园实际情况，及时喷药进行防控。需要注意的是捡拾病果落果可以减少田间菌源量，减轻保护危害，但捡拾的病果落果必须清除出果园外处理，严禁在果园乱扔。

（2）及时防控小薪甲危害幼果，造成疤痕果。疏果时，尽量选留单果，少留相邻果，减少小薪甲的危害。虫口数量较大时，及时喷药防控。

（3）幼果期坐果后，进行猕猴桃褐斑病的预防。具体参见猕猴桃褐斑病部分。

（4）监测果园叶片、枝条及幼果等上叶蝉、斑衣蜡蝉和茶翅蝽等害虫的发生情况，根据发生情况，喷药进行防控。

（5）幼果期也是比较容易造成药害的关键时期，使用农药一定要注意用药安全。预防猕猴桃褐斑病，不建议使用三唑类药剂。喷施药剂或叶面肥时，注意喷施浓度，严禁随意加大浓度或混用，防止对幼果产生药害，造成落果。

五、果实膨大期 – 新梢旺长期

此期猕猴桃果实进入迅速膨大期，基本上正处于夏季高温期。猕猴桃果园容易造成日灼，影响猕猴桃果实和叶片的生长，必须做好夏季高温强光的预防。同时猕猴桃褐斑病等叶部病害进入发病高峰期，常常会造成猕猴桃早期落叶，需要加强监测，及时防控。其他如猕猴桃根腐病等也常常发生危害。

1.防治对象。

（1）日灼病；

（2）猕猴桃褐斑病；

（3）叶蝉、斑衣蜡蝉和茶翅蝽等害虫；④猕猴桃根腐病。

2. 防控目的。

（1）防控猕猴桃日灼病、褐斑病和叶蝉等病虫害，保护叶片，促进猕猴桃叶片光合作用，合成营养促进果实膨大。

（2）防治多种病虫危害，保护新梢生长。

3. 防控技术措施。

（1）预防夏季高温强光造成的日灼。此期猕猴桃果园严禁旋地，采取果园生草或留草等方法，调控果园生境条件。干旱时及时灌溉。详细预防参见猕猴桃日灼病部分的技术措施。

（2）防控猕猴桃褐斑病。高温高湿条件下，猕猴桃褐斑病会发生大流行，造成早期落叶，影响猕猴桃果实膨大。此期一定要做好猕猴桃褐斑病的防控，具体技术措施参见猕猴桃褐斑病部分。

（3）继续防控猕猴桃果园叶蝉、斑衣蜡蝉和茶翅蝽等害虫的危害。

（4）做好猕猴桃根腐病等根部病害的防控。及时监测，发现地上植株出现叶片萎蔫症状且不能恢复，就要刨土检查，发现根腐，及时药剂灌根防控。

（5）夏季高温注意用药安全，防止药害和中毒。

六、果实成熟采收期

猕猴桃成熟期是猕猴桃养分营养积累的关键时期，要保护好叶片进行光合作用，促进养分积累。做好猕猴桃褐斑病等叶部病害及叶蝉等叶部害虫的防控，预防早期落叶。同时由于成熟的猕猴桃果实散发的成熟气味和香味的吸引，茶翅蝽等蝽象类害虫会迁入果园，危害猕猴桃果实造成落果；软腐病等果实病害也会发生危害造成落果。

采收期是影响猕猴桃果品贮藏能力的重要阶段。做好灰霉病、青霉病等病虫害的预防，有助于减少果实入库后的烂果率。此期病虫害的防控一定要注意安全间隔期，注意用药安全，防止农残超标，影响果品安全。

1. 防治对象。

（1）猕猴桃褐斑病；

（2）猕猴桃茶翅蝽与叶蝉等害虫；

（3）猕猴桃软腐病等果实病害；

（4）猕猴桃灰霉病等；

（5）猕猴桃溃疡病。

2. 防控目的。

（1）防控猕猴桃褐斑病和叶蝉等病虫害，保护后期叶片生长，预防落叶；

（2）防控软腐病和茶翅蝽等病虫害，保护果实，预防落果；

（3）预防猕猴桃灰霉病等病害，预防入库冷藏期果实病害。④预防猕猴桃溃疡病。

3. 防控技术措施。

（1）继续防控猕猴桃褐斑病。

（2）防控猕猴桃叶蝉和茶翅蝽等害虫，重点防控茶翅蝽危害果实。防控措施参见叶蝉类和蝽象类的防控。

（3）采果前 15 ～ 20 d 喷施药剂，预防猕猴桃果实灰霉病。具体用药参见猕猴桃灰霉病的防控技术措施。

（4）采果后及时喷药保护果柄等伤口，预防溃疡病入侵感染。

（5）注意果品农药残留，采前喷药注意农药残留，保证果品安全生产。

七、贮藏期

猕猴桃是一种后熟性的浆果，采后入库贮藏。贮藏期的猕猴桃常常也会发生如灰霉病、青霉病、软腐病等病害及由于低温造成的冷害，造成烂果，影响果品质量和影响猕猴桃贮藏性能。

1. 防治对象。

（1）灰霉病、青霉病和软腐病等病害；

（2）低温冷害。

（3）保鲜剂药害。

2. 防控目的。防治贮藏期病害感染果实，降低猕猴桃的库损率。

3. 防控技术措施。

（1）严格冷库消毒。

（2）严格控制冷库的贮藏温度。猕猴桃冷库的贮藏温度一般美味猕猴桃保持在（0±0.5）℃；中华猕猴桃保持在（1±0.5）℃。误差不得大于 0.5℃。温度太低，容易产生冷害，影响果品质量。

（3）合理使用保鲜剂或不用保鲜剂。

（4）做好贮藏期病害如青霉病、软腐病等的防治。

附 录

猕猴桃病虫害防治年历

季节或物候期	防治内容与主要措施
落叶后	1. 树干、大枝用涂白剂涂白 2. 绑稻草或秸秆护理根茎部和主干 3. 落叶后及时预防溃疡病
休眠期	1. 清园：结合修剪，彻底清园，全园喷施3～5波美度的石硫合剂化学清园 2. 及时防治溃疡病：冬剪后及时预防溃疡病。进行田间调查监测，初侵染期及时喷药防治溃疡病
萌芽期	1. 继续做好溃疡病防治 2. 关注天气预报，预防春季低温晚霜 3. 防治金龟子等危害芽
花蕾期	1. 监测金龟子、斑衣腊蝉、叶蝉、蟓象、小薪甲等害虫发生情况，及时进行防治 2. 喷药预防花腐病和灰霉病等花果病害 3. 防治叶部溃疡病
花期	调查监测花腐病和灰霉病危害花朵情况，及时喷药防控
幼果期	1. 监测灰霉病、炭疽病等病害，及时防治 2. 喷药预防褐斑病等叶部病害 3. 监测金龟子、叶蝉、介壳虫、斑衣腊蝉、蟓象、小薪甲等害虫，及时防治
果实膨大期	1. 继续监测炭疽病、软腐病等果实病害和褐斑病等叶部病害的发生情况，及时进行喷雾防治叶部病害 2. 防治根腐病。监测根腐病发生情况，及时晾根和灌根防治 3. 监测叶蝉、蟓象和叶螨等害虫，及时防治
新梢旺长期	1. 调查监测褐斑病等叶部病害发生情况，及时药剂防控 2. 监测叶蝉、蟓象和叶螨等害虫，及时防治
果实成熟期	1. 监测叶蝉、蟓象等害虫发生危害，特别是注意茶翅蟓等蟓象类害虫对成熟期果实的危害，及时做好防控 2. 根据调查灰霉病等贮藏期病害历年发生情况，可以在采果前20 d进行药剂预防 3. 采果后及时喷药防治溃疡病
贮藏期	1. 入库前彻底对冷库等进行消毒，拣除病虫害果和受伤果，果实充分预冷后入库 2. 合理使用保鲜剂或不用保鲜剂 3. 做好贮藏期病害如青霉病、软腐病等的防治

附录二

猕猴桃常见病害防治速查表

病害名称	主要危害部位	防治
猕猴桃细菌性溃疡病	主干、枝蔓、叶片	清园消毒：剪除病枝、枯枝，彻底清除田间枯枝落叶，集中烧毁。修剪刀、嫁接刀等工具及嫁接用的接穗等都要及时消毒 药剂防治：分别在采果后、落叶后、修剪后及春季萌芽前及时用药防治。45% 代森铵乳剂 1 000 倍液，或 2% 春雷霉素或中生霉素 WP600～800 倍液，或 47% 春雷·王铜 WP600～800 倍液，46% 氢氧化铜可湿性粉剂 1 000 倍液，每 7～10 d 交替喷 1 次，连喷 2～3 次 刮治：用 45% 代森铵 30 倍液，或中生霉素 300 倍涂抹病斑
猕猴桃花腐病	花蕾、花朵	1. 改善花蕾部的通风透光条件； 2. 采果后至萌芽前喷 3 次 80～100 倍波尔多液清园。萌芽至花期喷 2% 中生霉素 WP600～800 倍液，或 2% 春雷霉素 WP600～800 倍液，50%
猕猴桃根癌病	根部	扒开根颈部土壤，把病瘤切掉刮净，然后灌根。可以选用 0.3～0.5 波美度的石硫合剂，或 1∶1∶100 波尔多液，或 2% 中生霉素 600 倍液，或用 45% 代森铵乳剂 1 000 倍液。每 7～10 d 1 次，连灌 2～3 次。并可局部换土
猕猴桃根腐病	根部	幼苗定植时，施少量 50% 敌克松 WP1 500 倍液浇根，或用 25% 甲霜灵或 61% 乙膦·锰锌可湿性粉剂 500 倍液浸苗基部 10～15 min，倒置晾干后栽植 盛果期是病害频发阶段，发现有少数植株受害，及时挖除或掏土晒根，并按每株 10 kg 水量对加敌克松粉剂 50～100 g 泼浇，如能加入少量九二〇等植物生长调节剂，效果更好
猕猴桃立枯病	根茎部	苗床喷施杀真菌剂防治。如五氯硝基苯 200～400 倍液；或 50% 多菌灵 WP800～1 000 倍液；或 50% 甲基硫菌灵 1 000～2 000 倍液，每周喷 1 次，连续 2～3 周；或用 1∶1∶200 波尔多液或 0.3～0.5 波美度石硫合剂

病害名称	主要危害部位	防治
猕猴桃褐斑病	叶片	一般在花前花后喷药预防。用70%甲基托布津WP、50%退菌特WP800倍液，50%多菌灵WP500倍液，75%百菌清WP、70%代森锰锌WP500倍液、10%多抗霉素WP1 000～1 500倍液，或70%丙森锌WP 600倍液，或43%戊唑醇悬浮剂3 000倍液，或10%苯醚甲环唑水分散粒剂1 500～2 000倍液，或12.5%烯唑醇1 500倍液等。在5～6月份，花后到果实膨大期喷之，每7～10 d喷1次，连续喷2～3次
猕猴桃蔓枯病	枝蔓	早春发芽前和采收后对树体喷布或涂刷40%福美砷可湿性粉剂100倍液，铲除潜伏病菌。抽梢前以40%福美砷可湿性粉剂50倍液涂刷病斑，每周1次，连涂3次，并同时涂刷伤口
猕猴桃菌核病	花和果实	用50%乙烯菌核利可湿性粉剂1 500～2 000倍液，或50%腐霉利WP、50%异菌脲WP和40%菌核净WP1 000～1 500倍液喷雾，在落花期和收获前各喷1次，防效良好。如花期被害严重，可在蕾期增喷1次药
猕猴桃细菌性软腐病	果实	5～7月间，喷施2次50%异菌脲可湿性粉剂1 500倍液。采前1～2周喷施70%甲基硫菌灵WP1 000倍液。或采后用3.5%噻菌灵烟剂，按100 kg鲜果100 g制剂的药量熏蒸
猕猴桃褐腐病	枝蔓、果实	开花前或坐果后喷800倍甲基硫菌灵WP溶液，或50%硫菌灵可湿性粉剂500～800倍液，或用1∶2∶200波尔多液，或0.3～0.5波美度石硫合剂。局部小病灶，则可在冬季和春季刮除腐烂组织，用0.1%升汞溶液消毒后涂上843原液，或石硫合剂原液，或腐必清50倍液
猕猴桃灰霉病	花、果实	花前开始喷杀菌剂，用50%腐霉利WP 800～1 000倍液，或50%乙烯菌核利WP 500倍液，或50%异菌脲WP 1 000倍液，或25%咪鲜安EC1 000倍液或40%施佳乐悬浮剂1 200倍液。隔7～10 d喷1次，连续2～3次
猕猴桃青霉病	果实	在开花晚期和果实采收前2周喷杀真菌剂类药物，参照褐腐病

续 表

病害名称	主要危害部位	防治
猕猴桃根结线虫病	根部	可用 1.8% 阿维菌素乳油 0.6 kg/ 亩，兑水 200 kg 浇施于病株根系分布区。或 l0% 克线丹 GR 、10% 克线磷 GR，或 l0% 益舒宝 GR ，或 3% 米乐尔 GR 3 ～ 5 kg/ 亩，在树冠下全面沟施或深翻，深度为 3 ～ 5 cm，隔 3 周左右施 1 次，连施 2 次
猕猴桃黄化病（缺铁）	叶片	土施硫酸亚铁 0.10 kg/100 m^2，与腐熟有机肥及腐殖酸肥混合施用。春季萌芽时追施螯合态铁肥如叶绿灵、黄叶必克等，株施 30 ～ 50 g。也可生长季从展叶开始，叶面喷施氨基酸铁肥，或螯合腐殖酸液肥及含铁元素的稀土微肥，全年至少喷施 5 ～ 6 次。对已经发生黄化病的植株，可用挂吊瓶枝干输液法（0.1% ～ 0.3% 硫酸亚铁溶液）防治
猕猴桃褐心病（ 缺硼症）	果实	花前、盛花期和幼果期分别用 0.1% 硼砂溶液进行根外追施
猕猴桃缺钙症	叶片	土施磷酸钙、硝酸钙，盛果期园参考用量：0.5 ～ 1 kg/100 m^2。或叶喷钙肥
猕猴桃缺镁症	叶片	土施硫酸镁，盛果期园参考用量：20 ～ 30 kg/hm^2，或叶喷 0.3% ～ 0.5% 的硫酸镁，隔周 1 次，连喷 3 ～ 5 次

注：WP 为可湿性粉剂；EC 为乳油。

附录三

猕猴桃常见害虫防治速查表

害虫	危害部位	防治
金龟甲类（大黑鳃金龟、棕色鳃金龟、铜绿丽金龟等）	根部、叶片	1. 药剂处理土壤防治幼虫。用 50% 辛硫磷乳油每亩 200 ～ 250 g，加水 10 倍，喷于 25 ～ 30 kg 细土上拌匀成毒土，顺垄条施，随即浅锄；用 5% 辛硫磷颗粒剂每亩 2.5 ～ 3 kg 处理土壤防治蛴螬，并可兼治金针虫和蝼蛄 2. 喷雾防治成虫。花前 2 ～ 3 d 的花蕾期或生长期，于傍晚喷施 2.5% 氯氟氰菊酯乳油 2 000 倍或 40% 毒死蜱乳油 1 500 ～ 2 000 倍液防治成虫
蚧类（草履蚧、桑白蚧等）	主干、枝蔓	1. 用硬塑料刷或细钢丝刷，刷掉树枝蔓上的虫体 2. 冬季剪掉蚧类聚集的枝蔓，刮除树干基部的老皮，涂上约 10 cm 宽的粘虫胶 3. 萌芽喷施 3 ～ 5 波美度石硫合剂，或在生长季喷施 20% 甲氰菊酯乳油 3 000 倍液，或 50% 马拉松乳剂 1 000 倍液，可消灭若虫 4. 生长季喷施环保型轻乳油，在虫体表面形成一层空气隔层，可致其窒息而死
蟓象类（茶翅蟓、麻皮蟓、斑须蟓等）	叶、花、果实、嫩梢	1. 冬季清除枯枝蔓落叶和杂草，刮除树皮，粘捕越冬成虫 2. 人工捕杀。利用假死性，晃动枝蔓，令其落地捡拾。 3. 诱杀。利用趋化性，田间放置糖醋液诱杀 4. 药剂防治。可喷施 2.5% 三氟氯氰菊酯乳油 2 000 ～ 3 000 倍液，或 2.5% 溴氰菊酯乳油 2 000 ～ 3 000 倍液，或 10% 吡虫啉可湿性粉剂 1 500 ～ 2 000 倍液等进行防治
叶蝉类（大青叶蝉、小绿叶蝉等）	叶片、枝蔓	1. 冬季彻底清园消灭越冬害虫，减少虫口基数 2. 诱杀。在夏季夜晚设置黑光灯或频振式杀虫灯诱杀成虫。果园架下挂黄板来诱杀成虫 3. 在 4 ～ 8 月果园虫口密度大时，喷施杀虫剂防治。药剂可选 2.5% 溴氰菊酯乳油 2 000 倍液，或 2.5% 三氟氯氰菊酯乳油 2 000 ～ 3 000 倍液，或 10% 吡虫啉可湿性粉剂 1 500 ～ 2 000 倍液等进行防治

害虫	危害部位	防治
叶螨类（山楂叶螨、二斑叶螨等）	叶片	1. 休眠期至萌芽前，全园喷施 3～5 波美度石硫合剂 2. 生长季节平均每叶有螨 4～5 头时，及时进行化学防治。可选用 1.8% 阿维菌素乳油 3 000～4 000 倍液，或 20% 螨死净乳油 2 000 倍液，或 50% 溴螨酯乳油、25% 三环锡可湿性粉剂、25% 三唑锡可湿性粉剂 1 000～1 500 倍液，5% 尼索朗乳油 1 500～3 000 倍液，73% 克螨特乳油 2 000～3 000 倍液等进行防治
小薪甲	果实	1. 冬季彻底清除果园周围杂草 2.5 月下旬到 6 月上旬及时防治，连续喷 2 次，一般间隔 10～15 d 喷 1 次。选用高效、低毒、低残留农药，如 2.5% 三氟氯氰菊酯乳油 2 000～3 000 倍液、或 2.5% 溴氰菊酯 2 000～3 000 倍液等触杀性药剂进行防治。喷药时不要在温度最高时喷药，以傍晚或阴天最好；喷后 12 h 遇雨须重喷防治
斑衣蜡蝉	叶片、枝蔓	1. 清除果园周围的臭椿和苦楝等寄主植物 2. 越冬期人工抹卵。结合冬季修剪，刮除主干和主蔓上的卵块 3. 药剂防治。若、成虫发生期，可选用 50% 辛硫磷乳油 2 000 倍液，或 10% 吡虫啉可湿性粉剂 2 000～3 000 倍液，或 2.5% 高效氯氟氰菊酯乳油 2 000 倍液等进行喷雾防治

附录四

猕猴桃生产常用农药速查表

农药名称	剂型	特点和防治对象	使用方法	备注
石硫合剂	用生石灰、硫黄、水熬制，比例为 1∶1.5～2∶10	主要成分多硫化钙，空气中分解出硫，具有杀菌、杀虫和杀介壳虫	萌芽前喷雾 3～5 波美度，开花后 0.5 波美度，落花后 0.1～0.3 波美度	低毒，强碱性
晶体石硫合剂	45% 晶体	同上	发芽前 100 倍液，生长期用 200～300 倍液	低毒，强碱性
波尔多液（碱式硫酸铜）	以硫酸铜、石灰和水自配：1∶1∶160～200（石灰等量式）；1∶1.5∶160～200（石灰过量式）；1∶2∶160～200（石灰倍量式）	保护性杀菌剂，防病范围广，药效持久，不易产生抗药性。防治叶斑病和果实病害	病菌入侵前喷施。幼树用倍量式或过量式，200 倍液；气温高时用等量式；幼果期、雨前不宜使用	低毒，强碱性
氢氧化铜	72%WP	无机铜杀菌剂，防治细菌性病害	1 000～1 500 倍液，喷雾	低毒，强碱性
碱式氯化铜（氧氯化铜、王铜）	30% 悬浮剂	无机铜杀菌剂，防治多种真菌性病害及细菌性病害	500～600 倍液，喷雾	低毒
氧化亚铜	86.2% 水分散颗粒剂或可湿性粉剂	无机铜杀菌剂，防治真菌性和细菌性病害	800～1 200 倍液，喷雾	低毒
乙酸铜	20%WP	有机铜杀菌剂，主要靠铜离子杀菌，防治对象为猝倒病、柑橘溃疡病、细菌性角斑病等	使用方法为灌根、喷雾，800～1 200 倍液	低毒
琥胶肥酸铜（DT）	30% 胶悬剂	有机铜杀菌剂，主治各种细菌性病害	800～1 000 倍液，喷雾	低毒
百菌通（DTMZ）	70%WP	复配杀菌剂，兼治真菌和细菌性病害	500～600 倍液，喷雾	低毒

农药名称	剂型	特点和防治对象	使用方法	备注
代森铵（施纳宁）	45% 水剂	有机硫制剂，具有保护作用，兼有治疗作用	500～700 倍液，喷雾。或 150 倍液喷淋树干	低毒
噻菌铜	20% 悬浮剂	无机铜制剂，防治细菌性病害	500～700 倍液，喷雾	低毒
农抗 120	4% 水剂	广谱抗菌素，有预防和治疗作用。防治腐烂病、白粉病和贮藏期病害	涂抹树干，5 倍液；生长期喷雾用 500～600 倍液	低毒
多抗霉素	10%WP	广谱杀菌剂，有内吸作用，防治落叶病等	1 000～200 倍液，喷雾	低毒
武夷霉素	2% 水剂	广谱抗菌素，防治白粉病、炭疽病、腐烂病等	150～200 倍液，喷雾	低毒
春雷霉素	2%WP	具有内吸作用，防治真菌性病害	800～1 000 倍液，喷雾	低毒
菌毒清	5% 水剂	氨基酸杀菌剂，用于防治腐烂病，消毒治疗	用刀纵横划刻病部，用 50～100 倍液涂抹	低毒
甲基硫菌灵（甲基托布津）	70%WP	广谱内吸性杀菌剂，防治落叶病、果实生长期和贮藏期病害	发病初喷施 600～800 倍液	低毒
多菌灵	50%WP	广谱内吸性杀菌剂，防治果实病害、叶部病害等	发病初喷施 800～1 000 倍液	低毒
百菌清（达克宁）	70%WP	广谱性杀菌剂，防治多种病害	发病初喷施 800～1 000 倍液	低毒
代森锰锌	70%、80%WP	保护性杀菌剂，防治叶部病害、轮纹病、炭疽病等	发病前或发病初喷施 800～1 000 倍液。	低毒
异菌脲（扑海因）	50%WP	防治斑点落叶病、灰霉病和菌核病等	发病初喷施 1 000～2 000 倍液	低毒
烯唑醇（速保利）	12.5%WP	广谱性杀菌剂，主治白粉病	发病初喷施 2 000～3 000 倍液	低毒

续 表

农药名称	剂型	特点和防治对象	使用方法	备注
氟硅唑	40%EC	高效内吸性杀菌剂，对子囊菌、担子菌和半知菌所致病害有效，对卵菌无效。防治黑星病、轮纹病、白粉病等	发病初期喷施 8 000 ～ 10 000 倍液	低毒
苯醚甲环唑	10% 水分散颗粒剂	高效内吸性杀菌剂，防治叶斑病、蔓枯病等	发病初喷施 2 000 ～ 2 500 倍液	低毒
噁唑菌酮·锰锌	68.75% 水分散粒剂	保护性杀菌剂，耐雨水冲刷。防治落叶病和果实病害	发病前或发病初喷雾 1 000 ～ 1 500 倍液	低毒
腈菌唑	40%WP	高效内吸性杀菌剂	发病初 8 000 倍液，喷雾	低毒
嘧霉胺	40% 悬浮剂	兼有内吸和熏蒸作用的保护性杀菌剂，主治灰霉病	发病初 800 ～ 1 000 倍液喷雾	低毒
咪鲜胺锰盐	50%WP	咪唑类杀菌剂，防治果实采后贮藏期病害，对炭疽病有效	1 000 ～ 2 000 倍液，喷雾	低毒
咪鲜胺	45% 水乳剂 25%EC	新型咪唑类广谱杀菌剂，防治炭疽病、青霉病等	采后用 500 ～ 1 000 倍液喷雾	低毒
Bt（苏云金杆菌）	100 亿个芽孢 /mL （含 0.1 ～ 0.2%）	广谱杀虫剂，对取食叶片的害虫等有效	低龄幼虫期喷施 1 000 倍液	低毒
杀螟杆菌	粉剂（含 100 亿个 /g 以上活芽孢）	广谱细菌性杀虫剂，防治卷叶虫等鳞翅目害虫	1 000 倍液喷雾，并加入 0.1% 洗衣粉	低毒
白僵菌	粉剂（含 50 ～ 80 亿个 /g 活孢子）	真菌杀菌剂。防治桃小等地下害虫	地面喷洒 3 000 倍液	低毒
浏阳霉素	10%EC	抗生素，触杀叶螨	害螨发生期喷施 1 000 倍液	低毒
灭幼脲 3 号	25% 悬浮剂	抑制害虫几丁质形成。对鳞翅目幼虫高效	低龄幼虫期 1 000 倍液，喷雾	低毒
噻嗪酮	25%WP	抑制害虫几丁质形成。对鳞翅目幼虫高效	低龄幼虫期 1 000 ～ 1 500 倍液，喷雾	低毒

农药名称	剂型	特点和防治对象	使用方法	备注
溴氰菊酯	2.5%EC	以触杀胃毒作用为主，防治介壳虫、叶蝉等	2 000～2 500 倍液，喷雾	低毒至中等毒
甲氰菊酯	20%EC	虫螨兼治，以触杀胃毒作用为主，可以防治叶螨	2 000～3 000 倍液，喷雾	中等毒
氰戊菊酯	20%EC	杀虫剂，不杀螨类。防治卷叶虫、蚜虫、蜡类等	2 000～3 000 倍液喷雾，虫螨混发时，要混用杀螨剂	中等毒
顺式氰戊菊酯	5%EC	同氰戊菊酯，杀虫活性强	5 000 倍液，喷雾。虫螨混发时，要混用杀螨剂	中等毒
氯氰菊酯	10%EC	杀虫剂，不杀螨类。防治卷叶虫、蚜虫、蜡类等	2 000～4 000 倍液，喷雾	中等毒
顺式氯氰菊酯	5%EC	同氯氰菊酯，杀虫活性高	2 000～3 000 倍液，喷雾	中等毒
高效氯氟氰菊酯	2.5%EC	虫螨兼治，防治卷叶虫、蚜虫等，对天敌杀伤大	4 000～5 000 倍液喷雾	中等毒
联苯菊酯	10%EC	虫螨兼治，防治卷叶虫、蚜虫等	3 000～5 000 倍液，喷雾	中等毒
氟氯氰菊酯	5.7%EC	杀虫剂，防治食叶害虫等	2 000～3 000 倍液，喷雾	低毒
茴蒿素	0.65% 水剂	植物源杀虫剂，防治蚜虫、尺蠖等鳞翅目害虫	400～500 倍液，喷雾	低毒
杀螟松	50%EC	具有胃毒和触杀作用的杀虫剂，防治卷叶虫、食心虫等	1 000～2 000 倍液，喷雾	中等毒
毒死蜱	48%EC	具有胃毒、触杀、熏蒸作用的杀虫剂，土壤残留期长，对地下害虫防效好	1 500～2 000 倍液，喷雾	中等毒

附录五

石硫合剂的熬制与使用技术

石硫合剂是以硫黄粉、生石灰和水按一定比例熬制而成的一种广谱性无机杀菌剂，是果园冬季休眠期进行化学清园的首选清园剂，也是防治病虫害的无机矿物源药剂。

原液为红褐色液体，具有硫化氢的气味。具有杀虫、杀螨和杀菌的作用，不易产生抗性。其主要成分为多硫化钙和一部分的硫代硫酸钙，强碱性，腐蚀性强，有侵蚀昆虫表皮蜡层的作用。石硫合剂呈强碱性，具有腐蚀性，一般用陶器等非金属容器保存。

1. 熬制方法

石硫合剂一般按生石灰 1 kg、硫黄粉 2 kg、水 10 kg 配比熬制。

常用熬制方法是先将生石灰用少量水化开，调成糊状，再加入硫黄粉搅拌均匀，然后加入其余的水，做好水位线记号，熬制 40～60 min。熬制时开始用大火，煮沸后火力不要太猛，边熬边搅，并用热水补足散失的水分，熬制 45 min 后不再加水再熬制 15 min 即成原液。

当锅内药液由黄色变为红色，再变为红褐色时即可。可以取少量原液滴入清水中，立即散开，表明已经熬好；如果药滴下沉，则需继续熬制。熬好的原液冷却后过滤去渣质，用波美度计测量原液浓度。

附录图 1-1 测量原液浓度的波美度计

附录图 1-2 用波美度计测量原液浓度

熬制时要选用优质生石灰，硫黄粉要碾细。熬好后的药液贮藏于密封的陶制容器内，或在表面滴一层矿物油备用。不能用铁器等金属容器盛放。

附录图 1-3　熬制好的石硫合剂原液用陶制容器密封贮藏

2. 使用时的稀释方法

一般利用波美度计测出原液的浓度，再根据所需使用浓度查阅石硫合剂重量稀释倍数表得到每公斤原液的加水量（见后附表）。

也可以利用石硫合剂的稀释倍数公式计算：

加水倍数（按重量）=（原液浓度 - 使用浓度）/ 使用浓度

例如：原液浓度 30 波美度的石硫合剂要配制 4 波美度的药液，需要加入多少水？根据公式：加水倍数 =（30-4）/ 4=6.5，即每千克 30 波美度的原液加水 6.5 kg 就可配制成 4 波美度的药液。

附录图 1-4　稀释好的石硫合剂

3. 使用时注意事项

石硫合剂属于强碱性，使用时不能和酸性等忌碱性农药混用，也不能和铜制剂混合使用；与波尔多液交替使用时，应间隔 20 ～ 30 d，间隔时间短易产生药害；原液有腐蚀性，使用时多加小心，皮肤、衣服沾上原液立即用清水冲洗。

附表：石硫合剂稀释倍数表（以重量计）

加水倍数＼浓度＼原液浓度	0.1	0.2	0.3	0.4	0.5	1.0	2.0	3.0	4.0	5.0
15.0	149	74.0	49.0	36.5	29.0	14.0	6.5	4.00	2.75	2.00
16.0	159	79.0	52.3	39.0	31.0	15.0	7.0	4.33	3.00	2.20
17.0	169	84.0	55.6	41.5	33.0	16.0	7.5	4.66	3.25	2.40
18.0	179	89.0	59.0	44.0	35.0	17.0	8.0	5.00	3.50	2.60
19.0	189	94.0	62.3	46.5	37.0	18.0	8.5	5.33	3.75	2.80
20.0	199	99.0	65.6	49.0	39.0	19.0	9.0	5.66	4.00	3.00
21.0	209	104.0	69.0	51.5	41.0	20.0	9.5	6.00	4.25	3.20
22.0	219	109.0	72.3	54.0	43.0	21.0	10.0	6.33	4.50	3.40
23.0	229	114.0	75.6	56.5	45.0	22.0	10.5	6.66	4.75	3.60
24.0	239	119.0	79.0	59.0	47.0	23.0	11.0	7.00	5.00	3.80
25.0	249	124.0	82.3	61.5	49.0	24.0	11.5	7.33	5.25	4.00
26.0	259	129.0	85.6	64.0	51.0	25.0	12.0	7.66	5.50	4.20
27.0	269	134.0	89.0	66.5	53.0	26.0	12.5	8.00	5.75	4.40
28.0	279	139.0	92.3	69.0	55.0	27.0	13.0	8.33	6.00	4.60
29.0	289	144.0	95.6	71.5	57.0	28.0	13.5	8.66	6.25	4.80
30.0	299	149.0	99.0	74.0	59.0	29.0	14.0	9.00	6.50	5.00

附录六

波尔多液的配制与使用技术

波尔多液是用硫酸铜、生石灰和水按一定比例配制而成的无机矿物质杀菌剂。溶液颜色天蓝色，具有强碱性。喷施后在植物表面形成一层薄膜，具有很强的保护性和杀菌能力。药效长达 15 天左右，对病菌不宜产生抗药性，对人畜毒性小。

1. 配制比例

根据硫酸铜和生石灰的不同配比，波尔多液可以分为以下几类：

等量式：硫酸铜∶生石灰∶水 =1∶1∶（160～200）。

半量式：硫酸铜∶生石灰∶水 =1∶0.5∶（160～200）。

倍量式：硫酸铜∶生石灰∶水 =1∶2∶（160～200）。

过量式：硫酸铜∶生石灰∶水 =1∶1.5∶（160～200）。

2. 配制方法

生产上常用的有两种：

（1）同注法：将硫酸铜与生石灰分别溶于 1/2 的水中，然后将两种药液同时缓慢倒入第三个容器内，边倒边搅拌，即可制成。这种方法是目前最常用的方法，配成的药液质量高，但是比较费事。

（2）单注法：即稀硫酸铜浓石灰法。将硫酸铜溶于 80% 的水中，配成稀硫酸铜溶液；把生石灰溶于剩余的 20% 的水中，配成浓石灰乳液，然后将稀硫酸铜溶液缓慢倒入浓石灰乳液中，边倒边搅拌，即可制成。注意不能将石灰乳液倒入稀硫酸铜溶液中，也不能先配成浓缩的波尔多液再加水稀释，否则影响药效。

3. 使用技术

波尔多液应在病害发生前喷雾防治，每隔 15～20 d 喷 1 次。阴雨天或露水未干前不能喷药，以免产生药害。不能与石硫合剂、油乳剂混用。喷施石硫合剂后应间隔 10～15 d 以上才能喷施波尔多液，喷施波尔多液后应间隔 1 个月以上才能喷施石硫合剂。

猕猴桃上防治溃疡病，建议使用 0.7∶1∶（100～200）的多量式。

附录七

NY/T 393-2020《绿色食品　农药使用准则》（节选）

中华人民共和国农业行业标准 NY/T 393-2020《绿色食品 农药使用准则 Green food–Guideline for application of pesticide》由农业部 2020 年 7 月 27 日发布，2020 年 11 月 1 日实施。

1. 范围

本标准规定了绿色食品生产和仓储中有害生物防治原则、农药选用、农药使用规范和绿色食品农药残留要求。

本标准适用于绿色食品的生产和仓储。

2. 规范性引用文件

下列文件对于本文件的应用是必不可少的。凡是注日期的引用文件，仅注日期的版本适用于本文件。凡是不注日期的引用文件，其最新版本（包括所有的修改单）适用于本文件。

GB 2763 食品安全国家标准 食品中农药最大残留限量

GB/T 8321（所有部分）农药合理使用准则

GB 12475 农药贮运、销售和使用的防毒规程

NY/T 391 绿色食品 产地环境质量

NY/T 1667（所有部分）农药登记管理术语

3. 术语和定义

NY/T 1667 界定的及下列术语和定义适用于本文件。

3.1　AA 级绿色食品　AA grade green food

产地环境质量符合 NY/T 391 的要求，遵照绿色食品生产标准生产，生产过程中遵循自然规律和生态学原理，协调种植业和养殖业的平衡，不使用化学合成的肥料、农药、兽药、渔药、添加剂等物质，产品质量符合绿色食品产品标准，经专门机构许可使用绿色食品标志的产品。

3.2　A 级绿色食品 A grade green food

产地环境质量符合 NY/T 391 的要求，遵照绿色食品生产标准生产，生产过程中遵循自然规律和生态学原理，协调种植业和养殖业的平衡，限量使用限定的化学合成生产资料，产品质量符合绿色食品产品标准，经专门机构许

可使用绿色食品标志的产品。

3.3 农药 pesticide

用于预防、控制危害农业、林业的病、虫、草、鼠和其他有害生物以及有目的地调节植物、昆虫生长的化学合成或者来源于生物、其他天然物质的一种物质或者几种物质的混合物及其制剂。

注：既包括属于国家农药使用登记管理范围的物质，也包括不属于登记管理范围的物质。

4. 有害生物防治原则

绿色食品生产中有害生物的防治可遵循以下原则：

——以保持和优化农业生态系统为基础：建立有利于各类天敌繁衍和不利于病虫草害孳生的环境条件，提高生物多样性，维持农业生态系统的平衡；

——优先采用农业措施：如抗病虫品种、种子种苗检疫、培育壮苗、加强栽培管理、中耕除草、耕翻晒垡、清洁田园、轮作倒茬、间作套种等；

——尽量利用物理和生物措施：如温汤浸种控制种传病虫害，机械捕捉害虫，机械或人工除草，用灯光、色板、性诱剂和食物诱杀害虫，释放害虫天敌和稻田养鸭控制害虫等；

——必要时合理使用低风险农药：如没有足够有效的农业、物理和生物措施，在确保人员、产品和环境安全的前提下按照第5、6章的规定配合使用农药。

5. 农药选用

5.1 所选用的农药应符合相关的法律法规，并获得国家在相应作物上的使用登记或省级农业主管部门的临时用药措施，不属于农药使用登记范围的产品（如薄荷油、食醋、蜂蜡、香根草、乙醇、海盐等）除外。

5.2 AA 级绿色食品生产应按照附录 A 第 A.1 章的规定选用农药，A 级绿色食品生产应按照附录 A 的规定选用农药，提倡兼治和不同作用机理农药交替使用。

5.3 农药剂型宜选用悬浮剂、微囊悬浮剂、水剂、水乳剂、微乳剂、颗粒剂、水分散粒剂和可溶性粒剂等环境友好型剂型。

6. 农药使用规范

6.1 应根据有害生物的发生特点、危害程度和农药特性，在主要防治对象的防治适期，选择适当的施药方式。

6.2 应按照农药产品标签或 GB/T 8321 和 GB 12475 的规定使用农药，

控制施药剂量（或浓度）、施药次数和安全间隔期。

7. 绿色食品农药残留要求

7.1 按照 5 的规定允许使用的农药，其残留量应符合 GB 2763 的要求。

7.2 其他农药的残留量不得超过 0.01 mg/kg，并应符合 GB 2763 的要求。

附录 A
（规范性附录）
绿色食品生产允许使用的农药清单

A.1 AA 级和 A 级绿色食品生产均允许使用的农药清单

AA 级和 A 级绿色食品生产可按照农药产品标签或 GB/T 8321 的规定（不属于农药使用登记范围的产品除外）使用表 A.1 中的农药。

表 A.1 AA 级和 A 级绿色食品生产均允许使用的农药清单 [a]

类别	组分名称	备注
I. 植物和动物来源	楝素（苦楝、印楝等提取物，如印楝素等）	杀虫
	天然除虫菊素（除虫菊科植物提取液）	杀虫
	苦参碱及氧化苦参碱（苦参等提取物）	杀虫
	蛇床子素（蛇床子提取物）	杀虫、杀菌
	小檗碱（黄连、黄柏等提取物）	杀菌
	大黄素甲醚（大黄、虎杖等提取物）	杀菌
	乙蒜素（大蒜提取物）	杀菌
	苦皮藤素（苦皮藤提取物）	杀虫
	藜芦碱（百合科藜芦属和喷嚏草属植物提取物）	杀虫
	桉油精（桉树叶提取物）	杀虫
	植物油（如薄荷油、松树油、香菜油、八角茴香油）	杀虫、杀螨、杀真菌、抑制发芽
	寡聚糖（甲壳素）	杀菌、植物生长调节
	天然诱集和杀线虫剂（如万寿菊、孔雀草、芥子油）	杀线虫
	具有诱杀作用的植物（如香根草等）	杀虫
	植物醋（如食醋、木醋和竹醋等）	杀菌
	菇类蛋白多糖（菇类提取物）	杀菌
	水解蛋白质	引诱
	蜂蜡	保护嫁接和修剪伤口

类别	明胶	杀虫
	具有驱避作用的植物提取物（大蒜、薄荷、辣椒、花椒、薰衣草、柴胡、艾草、辣根等的提取物）	驱避
	害虫天敌（如寄生蜂、瓢虫、草蛉、捕食螨等）	控制虫害
II. 微生物来源	真菌及真菌提取物（白僵菌、轮枝菌、木霉菌、耳霉菌、淡紫拟青霉、金龟子绿僵菌、寡雄腐霉菌等）	杀虫、杀菌、杀线虫
	细菌及细菌提取物（芽孢杆菌类、荧光假单胞杆菌、短稳杆菌等）	杀虫、杀菌
	病毒及病毒提取物（核型多角体病毒、质型多角体病毒、颗粒体病毒等）	杀虫
	多杀霉素、乙基多杀菌素	杀虫
	春雷霉素、多抗霉素、井冈霉素、嘧啶核苷类抗菌素、宁南霉素、申嗪霉素、中生菌素	杀菌
	S- 诱抗素	植物生长调节
III. 生物化学产物	氨基寡糖素、低聚糖素、香菇多糖	杀菌、植物诱抗
	几丁聚糖	杀菌、植物诱抗、植物生长调节
	苄氨基嘌呤、超敏蛋白、赤霉酸、烯腺嘌呤、羟烯腺嘌呤、三十烷醇、乙烯利、吲哚丁酸、吲哚乙酸、芸苔素内酯	植物生长调节
IV. 矿物来源	石硫合剂	杀菌、杀虫、杀螨
	铜盐（如波尔多液、氢氧化铜等）	杀菌，每年铜使用量不能超过 6 kg/hm^2
	氢氧化钙（石灰水）	杀菌、杀虫
	硫磺	杀菌、杀螨、驱避
	高锰酸钾	杀菌，仅用于果树
	碳酸氢钾	杀菌
	矿物油	杀虫、杀螨、杀菌
	氯化钙	仅用于治疗缺钙症
	硅藻土	杀虫
	黏土（如斑脱土、珍珠岩、蛭石、沸石等）	杀虫
	硅酸盐（硅酸钠，石英）	驱避
	硫酸铁（3 价铁离子）	杀软体动物

续 表

类别	组分名称	备注
V. 其他	二氧化碳	杀虫，用于贮存设施
	过氧化物类和含氯类消毒剂（如过氧乙酸、二氧化氯、二氯异氰尿酸钠、三氯异氰尿酸等）	杀菌，用于土壤、培养基质、种子和设施消毒
	乙醇	杀菌
	海盐和盐水	杀菌，仅用于种子（如稻谷等）处理
	软皂（钾肥皂）	杀虫
	松质酸钠	杀虫
	乙烯	催熟等
	石英砂	杀菌、杀螨、驱避
	昆虫性外激素	引诱，仅用于诱捕器和散发皿内
	磷酸氢二铵	引诱，只限用于诱捕器中使用

a 国家新禁用或列入《限制使用农药名单》的农药自动从该清单中删除。

A.2 A 级绿色食品生产允许使用的其他农药清单

当表 A.1 所列农药不能满足生产需要时，A 级绿色食品生产还可按照农药产品标签或 GB/T 8321 的规定使用下列农药：

a）杀虫杀螨剂

1）苯丁锡　fenbutatin oxide

2）吡丙醚　pyriproxifen

3）吡虫啉　imidacloprid

4）吡蚜酮　pymetrozine

5）虫螨腈　chlorfenapyr

6）除虫脲　diflubenzuron

7）啶虫脒　acetamiprid

8）氟虫脲　flufenoxuron

9）氟啶虫胺腈　sulfoxaflor

10）氟啶虫酰胺　flonicamid

11）氟铃脲　hexaflumuron

12）高效氯氰菊酯　beta-cypermethrin

13）甲氨基阿维菌素苯甲酸盐　emamectin benzoate

14）甲氰菊酯　fenpropathrin

15）甲氧虫酰肼　methoxyfenozide

16）抗蚜威　pirimicarb

17）喹螨醚　fenazaquin

18）联苯肼酯　bifenazate

19）硫酰氟　sulfuryl fluoride

20）螺虫乙酯　spirotetramat

21）螺螨酯　spirodiclofen

22）氯虫苯甲酰胺 chlorantraniliprole

23）灭蝇胺 cyromazine

24）灭幼脲 chlorbenzuron

25）氰氟虫腙 metaflumizone

26）噻虫啉 thiacloprid

27）噻虫嗪 thiamethoxam

28）噻螨酮 hexythiazox

29）噻嗪酮 buprofezin

30）杀虫双 bisultap thiosultapdisodium

31）杀铃脲 triflumuron

32）虱螨脲 lufenuron

33）四聚乙醛 metaldehyde

34）四螨嗪 clofentezine

35）辛硫磷 phoxim

36）溴氰虫酰胺 cyantraniliprole

37）乙螨唑 etoxazole

38）茚虫威 indoxacard

39）唑螨酯 fenpyroximate

b）杀菌剂

1）苯醚甲环唑 difenoconazole

2）吡唑醚菌酯 pyraclostrobin

3）丙环唑 propiconazol

4）代森联 metriam

5）代森锰锌 mancozeb

6）代森锌 zineb

7）稻瘟灵 isoprothiolane

8）啶酰菌胺 boscalid

9）啶氧菌酯 picoxystrobin

10）多菌灵 carbendazim

11）噁霉灵 hymexazol

12）噁霜灵 oxadixyl

13）噁唑菌酮 famoxadone

14）粉唑醇 flutriafol

15）氟吡菌胺 fluopicolide

16）氟吡菌酰胺 fluopyram

17）氟啶胺 fluazinam

18）氟环唑 epoxiconazole

19）氟菌唑 triflumizole

20）氟硅唑 flusilazole

21）氟吗啉 flumorph

22）氟酰胺 flutolanil

23）氟唑环菌胺 sedaxane

24）腐霉利 procymidone

25）咯菌腈 fludioxonil

26）甲基立枯磷 tolclofos-methyl

27）甲基硫菌灵 thiophanate-methyl

28）腈苯唑 fenbuconazole

29）腈菌唑 myclobutanil

30）精甲霜灵 metalaxyl-M

31）克菌丹 captan

32）喹啉铜 oxine-copper

33）醚菌酯 kresoxim-methyl

34）嘧菌环胺 cyprodinil

35）嘧菌酯 azoxystrobin

36）嘧霉胺 pyrimethanil

37）棉隆 dazomet

38）氰霜唑 cyazofamid

39）氰氨化钙 calcium cyanamide

40）噻呋酰胺　thifluzamide

41）噻菌灵　thiabendazole

42）噻唑锌

43）三环唑　tricyclazole

44）三乙膦酸铝

　　fosetyl–aluminium

45）三唑醇　triadimenol

46）三唑酮　triadimefon

47）双炔酰菌胺　mandipropamid

48）霜霉威　propamocarb

49）霜脲氰　cymoxanil

50）威百亩　metam–sodium

51）萎锈灵　carboxin

52）肟菌酯　trifloxystrobin

53）戊唑醇　tebuconazole

54）烯肟菌胺

55）烯酰吗啉　dimethomorph

56）异菌脲　iprodione

57）抑霉唑　imazalil

c）植物生长调节剂

1）1–甲基环丙烯

　　1–methylcyclopropene

2）2,4–滴　2,4–D（只允许作

　　为植物生长调节剂使用）

3）矮壮素　chlormequat

4）氯吡脲　forchlorfenuron

5）萘乙酸　1–naphthal acetic acid

6）烯效唑　uniconazole

注：1.该清单每年都可能根据新的评估结果发布修改单。

　　2.国家新禁用的农药自动从该清单中删除。

附录八

禁限用农药名录

《农药管理条例》规定，农药生产应取得农药登记证和生产许可证，农药经营应取得经营许可证，农药使用应按照标签规定的使用范围、安全间隔期用药，不得超范围用药。剧毒、高毒农药不得用于防治卫生害虫，不得用于蔬菜、瓜果、茶叶、菌类、中草药材的生产，不得用于水生植物的病虫害防治。

一、禁止（或停止）使用的农药

六六六（HCH），滴滴涕（DDT），毒杀芬（Camphechlor），二溴氯丙烷 (Dibromochloropane)，杀虫脒 (Chlordimeform)，二溴乙烷 (EDB)，除草醚 (Nitrofen)，艾氏剂 (Aldrin)，狄氏剂 (Dieldrin)，汞制剂 (Mercurycompounds)，砷类 (Arsena)，铅类 (Acetate)，敌枯双（Bis-ADTA），氟乙酰胺 (Fluoroacetamide)，甘氟 (Gliftor)，毒鼠强 (Tetramine)，氟乙酸钠 (Sodiumfluoroacetate)，毒鼠硅 (Silatrane)，甲胺磷（Methamidophos），对硫磷（Parathion，1605），甲基对硫磷（Parathion-methyl，甲基 1605），久效磷（Monocrotophos），磷胺（Phosphamidon），苯线磷（Fenamiphos），地虫硫磷（Fonofos），甲基硫环磷（Phosfolan-methyl），磷化钙（Calcium phosphide），磷化镁（Magnesium phosphide），磷化锌（Zinc phosphide）、硫线磷（Cadusafos）、蝇毒磷（Coumaphos），治螟磷（sulfotep），特丁硫磷（terbufos），氯磺隆（Chlorsulfuron），胺苯磺隆（Ethametsulfuron），甲磺隆（Metsulfuron-methyl），福美胂（Asomate），福美甲胂（Urbacide），三氯杀螨醇（Dicofol），林丹（Lindane），硫丹（Endosulfan），溴甲烷（Methyl bromide），氟虫胺（Sulfluramid），杀扑磷（Methidathion），百草枯（Paraquat dichloride），2,4-滴丁酯（2,4-D butylate），农用硫酸链霉素（Streptomycin sulfate），叶枯唑（bismerthiazol）。

注：氟虫胺自 2020 年 1 月 1 日起禁止使用。百草枯可溶胶剂自 2020 年 9 月 26 日起禁止使用。2,4-滴丁酯自 2023 年 1 月 29 日起禁止使用。溴甲烷可用于"检疫熏蒸处理"。杀扑磷已无制剂登记。农用硫酸链霉素自 2018 年 6 月 15 日起停止销售使用。叶枯唑自 2019 年 12 月 10 日起停止销售使用。

二、在部分范围禁止使用的农药

通用名	禁止使用范围
甲拌磷（Phorate）、甲基异柳磷（Isofenphos-methyl）、克百威（Carbofuran）、水胺硫磷（Isocarbophos）、氧乐果（Omethoate）、灭多威（Methomyl）、涕灭威（Aldicarb）、灭线磷（Ethoprophos）	禁止在蔬菜、瓜果、茶叶、菌类、中草药材上使用，禁止用于防治卫生害虫，禁止用于水生植物的病虫害防治
甲拌磷、甲基异柳磷、克百威	禁止在甘蔗作物上使用
内吸磷（Demeton）、硫环磷（Phosfolan）、氯唑磷（Isazofos）	禁止在蔬菜、瓜果、茶叶、中草药材上使用
乙酰甲胺磷（Acephate）、丁硫克百威（丁呋喃 Carbosulfan）、乐果（Dimethoate）	禁止在蔬菜、瓜果、茶叶、菌类和中草药材上使用
毒死蜱（Chlorpyrifos）、三唑磷（Triazophos）	禁止在蔬菜上使用
丁酰肼（比久）（Daminozide）	禁止在花生上使用
氰戊菊酯（fenvalerate）	禁止在茶叶上使用
氟虫腈（Fipronil）	禁止在所有农作物上使用（玉米等部分旱田种子包衣除外）
氟苯虫酰胺（Flubendiamide）	禁止在水稻上使用

附录九

主要贸易国家和地区对入境猕猴桃农残限量要求

随着猕猴桃国内猕猴桃产业的发展，猕猴桃国际贸易成为猕猴桃销售的一个主要渠道，所以要及时了解相关国家和地区对进口入境猕猴桃的农残限量要求，在猕猴桃生产中要严格按照规定，科学合理规范使用农药，防止农残超标，影响猕猴桃出口。

下表列出了生产常见农药部分国家和地区的农残限量要求，供在生产中参考使用。但由于国内外农残限量标准更新频繁，需要及时关注有关国家和地区的最新农残限量标准要求。针对特定国家和地区的出口，还需详细了解其对入境猕猴桃农残的具体限量要求，在生产中防控病虫害时必须严格按照相关标准和准则科学合理使用农药。

表1　部分主要贸易国家和地区对入境猕猴桃农残限量要求（杀虫剂）

序号	农药 - 杀虫剂	限量值（mg/kg）						
		欧盟	日本	韩国	美国	加拿大	俄罗斯	新西兰
1	阿维菌素 Abamectin	0.01		0.05				0.02
2	甲氨基阿维菌素 Emamectin benzoate	0.01						
3	毒死蜱 Chlorpyrifos	0.01			2	2		2
4	甲基毒死蜱 Chlorpyrifos-methyl	0.01	0.05					
5	溴氰菊酯 Deltamethrin	0.15	0.03			0.2		0.01
6	甲氰菊酯 Fenpropathrin	0.01			5	5		
7	氰戊菊酯 Fenvalerate	0.02	5.0				5.0	3
8	氯氰菊酯 Cypermethrin	0.05	2.0					
9	氟氯氰菊酯 Cyfluthrin	0.02	0.02					
10	高效氯氟氰菊酯 Lambda Cyhalothrin	0.05						
11	三氟氯氰菊酯（功夫菊酯）Cyhalothrin		0.5					
12	联苯菊酯 Bifenthrin	0.01						0.01

续 表

序号	农药 - 杀虫剂	限量值（mg/kg）						
		欧盟	日本	韩国	美国	加拿大	俄罗斯	新西兰
13	甲氰菊酯（灭扫利）Fenpropathrin		0.5					
14	噻嗪酮 Buprofezin	0.01						
15	吡虫啉 Imidacloprid	0.05	0.2			1.5		
16	啶虫脒 Acetamiprid	0.01		0.3T		0.35		
17	除虫菊素 Pyrethrins	1	1					
18	除虫脲 Diflubenzuron	0.01	0.01					
19	敌百虫 Trichlorfon	0.01	0.50					
20	敌敌畏 Dichlorvos	0.01	0.1					
21	毒死蜱 Chlorpyrifos	0.01	2					
22	氟苯虫酰胺 Flubendiamide	0.01						
23	多杀菌素 Spinosad	0.05					0.05	0.2
24	氟虫腈 Fipronil	0.005						
25	抗蚜威 Pirimicarb	0.01	0.50					
26	螺虫乙酯 Spirotetramatt	4		0.2T		0.2		0.1
27	噻虫啉 Thiacloprid	0.2	0.2	1.0T			0.2	0.02
28	噻虫嗪 Thiamethoxam	0.01				0.2		1
29	辛硫磷 Phoxim	0.01	0.02					
30	氧乐果 Omethoate	0.01	1					
31	乙基多杀菌素 Spinetoram	0.05						
32	印楝素 Azadirachtin	0.5						
33	鱼藤酮 Rotenone	0.01						
34	哒螨灵 Pyridaben	0.01	0.1			2		
35	三氯杀螨醇 Dicofol	0.02	3					
36	四聚乙醛 Metaldehyde	0.05						

表 2　部分主要贸易国家和地区对入境猕猴桃农残限量要求（杀菌剂）

序号	农药 - 杀虫剂	限量值（mg/kg）						
		欧盟	日本	韩国	美国	加拿大	俄罗斯	新西兰
1	百菌清 Chlorothalonil	0.01	0.2					
2	苯醚甲环唑 Ifenoconazole	0.1				4		
3	吡唑醚菌 Pyraclostrobin	0.02						
4	丙环唑 Propiconazole	0.01						
5	丙森锌 Iprovalicarb	0.01						
6	多菌灵 Carbendazim	0.1	3					
7	氟吡菌胺 Fluopicolide	0.01						
8	氟吡菌酰胺 Fluopyram	0.01						
9	氟硅唑 Flusilazole	0.01						
10	氟环唑 Epoxiconazole	0.05						
11	福美双 Thiram	0.1						
12	福美锌 Ziram	0.1						
13	腐霉利 Procymidone	0.01	0.5					
14	己唑醇 Hexaconazole	0.01						
15	甲基硫菌灵 Thiophanate-methyl	0.1						
16	甲霜灵和精甲霜灵 Metalaxyl and Metalaxyl-M	0.02						
17	腈菌唑 Myclobutanil	0.02	1					
18	咯菌腈 Fludioxonil	15			20	20	15	
19	咪鲜胺 Prochloraz	0.05						
20	醚菌胺 Dimoxystrobin	0.01						
21	醚菌酯 Kresoxim-methyl	0.01	1			4		
22	嘧菌胺 Mepanipyrim	0.01						
23	嘧菌环胺 Cyprodinil	0.02	0.3		1.8	1.8		
24	嘧菌酯 Azoxystrobin	0.01						
25	嘧霉胺 Pyrimethanil	0.01						

续 表

序号	农药-杀虫剂	限量值（mg/kg）						
		欧盟	日本	韩国	美国	加拿大	俄罗斯	新西兰
26	恶霉灵 Hymexazol	0.05	0.5					
27	恶霜灵 Oxadixyl	0.01	1					
28	三乙膦酸铝 Fosetyl-Al	150						
29	三唑醇 Triadimenol	0.01						
30	三唑酮 Triadimefon	0.01	0.1					
31	十三吗啉 Tridemorph	0.01	0.05					
32	双辛胍胺 Guazatine	0.05						
33	霜霉威 Propamocarb	0.01						
34	霜脲氰 Cymoxanil	0.01						
35	铜化合物 Copper compounds	20						
36	喹啉铜 Oxine-copper		2					
37	肟菌酯 Trifloxystrobin	0.01		0.7T				
38	五氯硝基苯 Quintozene	0.02						
39	戊菌唑 Penconazole	0.01						
40	戊唑醇 Tebuconazole	0.02		0.5T				
41	烯酰吗啉 Dimethomorph	0.01						
42	烯唑醇 Diniconazole	0.01						
43	乙霉威 Diethofencarb	0.01	5					
44	乙烯菌核利 Vinclozolin	0.01	10			10	10.0	
45	异菌脲 Iprodione	0.01	5.0		10	0.5	5.0	5
46	抑霉唑 Imazalil	0.05						
47	春雷霉素 Kasugamycin		0.04					0.01
48	双氢链霉素和链霉素 Dihydro streptomycin and streptomycin							0.01
49	灭线磷 Ethoprophos	0.02						

表 3　部分主要贸易国家和地区对入境猕猴桃农残限量要求（除草剂）

序号	农药 – 除草剂	限量值（mg/kg）		
		欧盟	日本	新西兰
1	草铵膦 Glufosinate ammonium	0.6	0.2	0.05
2	草甘膦 Glyphosate	0.1	0.1	

表 4　部分主要贸易国家和地区对入境猕猴桃农残限量要求（生长调节剂）

序号	农药 – 生长调节剂	限量值（mg/kg）		
		欧盟	日本	美国
1	多效唑 Paclobutrazol	0.01	0.01	
2	氯吡脲 Forchlorfenuron	0.01	0.1	0.04
3	乙烯利 Ethephon	0.05	0.5	
4	吲哚丁酸 Indolylbutyric acid	0.1		
5	吲哚乙酸 Indolylacetic acid	0.1		

主要参考文献

[1] 崔致学.中国猕猴桃[M].济南：山东科学技术出版社,1993

[2] 张有平,李恒,龙周侠,等.猕猴桃优质丰产栽培与加工利用[M].西安：陕西人民教育出版社,1998

[3] 朱道圩.猕猴桃优质丰产关键技术[M].北京：中国农业出版社,1999

[5] 韩礼星,李明齐,秀娟,等.优质猕猴桃无公害丰产栽培[M].北京：科学技术文献出版社,2005

[6] 刘旭峰,龙周侠,姚春潮,等.猕猴桃栽培新技术[M].杨凌：西北农林科技大学出版社,2006

[7] 朱鸿云.猕猴桃[M].北京：中国林业出版社,2009

[8] 雷玉山,王西锐,姚春潮,等.猕猴桃无公害生产技术[M].杨凌：西北农林科技大学出版社,2010

[9] 刘占德,姚春潮,李建军,等.猕猴桃[M].西安：三秦出版社,2013

[10] 刘占德,李建军,姚春潮,等.猕猴桃规范化栽培技术[M].杨凌：西北农林科技大学出版社,2014

[11] 张乐华.猕猴桃准透翅蛾的研究[J].江西农业大学学报,1991(3):268-274.